AF501415

SEPT ANNÉES
EN CHINE

NOUVELLES OBSERVATIONS
SUR CET EMPIRE
L'ARCHIPEL INDO-CHINOIS, LES PHILIPPINES ET LES ILES SANDWICH

PAR

PIERRE DOBEL

Conseiller de Collége au service de Russie, et ancien Consul de cette Puissance aux îles Philippines.

TRADUIT DU RUSSE

PAR

LE PRINCE EMMANUEL GALITZIN

NOUVELLE ÉDITION

A PARIS

LIBRAIRIE D'AMYOT, ÉDITEUR

RUE DE LA PAIX, N° 6

M DCCC XLII

PIERRE DOBEL

L'auteur de cet ouvrage, M. Dobel, a fait trois voyages en Chine, et y a séjourné de suite pendant sept années : il ne raconte que ce qu'il a vu et ne rend compte que de ses impressions, lorsqu'il décrit avec la franche assurance d'un homme qui a vécu parmi les Chinois, les diverses coutumes d'un peuple qui diffère si complètement de toutes les nations Européennes.

M. Dobel est né en Irlande, dans le comté de Corck : ses parents, étant allés s'établir dans les états de l'Amérique du nord, placèrent leur fils à l'université de Philadelphie. Il y achevait ses études, lorsqu'il perdit ses parents : libre de choisir une carrière, le jeune Dobel embrassa celle des armes, entra comme volontaire dans l'armée, et fit plusieurs campagnes en Pensylvanie et dans les districts des Indiens. Mais c'était à devenir marin, à visiter de lointaines contrées, que son goût dominant le portait ; aussi M. Dobel ne tarda-t-il pas à abandonner l'état militaire pour embrasser cette nouvelle carrière. Les îles de l'archipel Indo-Chinois et les côtes de la Chine le virent à diverses reprises ; et ce ne fut qu'après dix-neuf ans de courses périlleuses et lointaines qu'il vint se fixer à Manille en qualité de consul de Russie aux îles Philippines.

On voit d'après ce court aperçu de la vie de notre auteur, qu'il a été à même de rassembler des observations nombreuses et dignes d'intérêt sur les contrées qu'il a parcourues.

Si M. Dobel entre dans une foule de détails curieux sur les usages intimes des Chinois, c'est qu'il a été plus à même que beaucoup d'autres de les étudier : en effet, doué d'un de ces caractères empreints d'une bonhomie qui éloigne la méfiance, n'étant revêtu d'aucun caractère officiel qui au contraire l'inspire, enfin possédant des connaissances en médecine qui lui firent ouvrir bien des fois la porte des maisons chinoises, M. Dobel a pu voir, pour nous les raconter, bien des choses que des voyageurs plus connus n'ont rapportées que sur des ouï-dire.

SEPT ANNÉES

EN CHINE.

CHAPITRE I.

Aspect des terres à l'est de Macao. — Le comprador et sa suite. — Singulier idiome anglais employé par les Chinois. — Fonctions du comprador. — Bateaux hoppo. — Exactions des Mandarins. — Rade et île de Macao. — Boca-Tigris. — Préposés des douanes. — Ile des Tigres. — Rade — de Wampoa. Sampanes, bateaux dirigés par des femmes. — Sam-Tcheu, boisson pernicieuse. — Rapport des femmes de Wampoa avec les vaisseaux européens.

Lorsque je visitai la Chine pour la première fois, les autres contrées de l'Asie m'étaient encore complétement inconnues. Ce fut au mois d'août que nous vîmes terre, un peu à l'est de Macao, non loin de l'écueil nommé *Pedra-Branca* (le rocher blanc). Mon attention fut ensuite captivée par un grand nombre d'objets nouveaux et intéressants; des îles, des coteaux, des canaux et des rivières bordés et embellis par la plus riche végétation, du sein de laquelle s'élevaient de nombreuses habitations, déroulaient à mes yeux les tableaux les plus variés. Des flottes entières d'innombrables bateaux, différents de forme et de dimension, se mouvaient dans tous les sens, tandis que les rayons du brûlant soleil de ces contrées rehaussaient encore la magie de ce magnifique spectacle. Tant d'objets divers et nouveaux étaient bien faits pour produire sur un étranger l'impression la plus vive. Les arbres et l'aspect général de la végétation de cette contrée différaient entièrement de ce que j'avais vu dans les autres parties du globe.

Bientôt un pêcheur se présente, monte à notre bord, et nous offre ses services pour conduire le bâtiment dans la rade de Macao, en nous prévenant toutefois qu'il lui serait impossible de nous suivre plus loin, à cause du mandarin qui, s'il parvenait à l'arrêter, lui ferait infliger la bastonnade pour le punir d'avoir servi de pilote sans s'être muni d'un *tchope* ou permis. Le costume et les manières de ceux qui nous vinrent voir différaient tellement des nôtres qu'ils me surprirent infiniment.

Peu de temps après, un nouveau personnage vint se présenter à nous sous le titre de *comprador*; on verra tout à l'heure en quoi consistaient ses fonctions. Lui, ainsi que les gens composant sa nombreuse suite, et qui étaient venus dans l'intention de s'engager, avaient de longues robes de soie ou de nankin blanc et bleu; mais leur aspect était si efféminé que je me crus involontairement au milieu d'une réunion de femmes.

Ce qui attira aussi notre attention, ce fut la construction particulière des bateaux de ces gens, ainsi que leurs voiles en nattes, formées de plusieurs pièces attachées ensemble. La manière de ramer différait aussi de la nôtre; c'est-à-dire que les rameurs, au lieu de ramer en même temps, ramaient l'un après l'autre.

Nos visiteurs se servaient d'un singulier langage pour se faire entendre de nous; c'était pourtant de l'anglais, mais tellement corrompu dans la prononciation et la construction que les Anglais eux-mêmes ne parviennent à le parler qu'après avoir séjourné au moins un an à Canton. Aussi leur semble-t-il bien étrange d'être obligés d'étudier leur propre langue pour se faire comprendre des Chinois qui l'ont défigurée. Il n'y a pas un seul Chinois qui soit en état d'entendre le pur anglais.

Le comprador, en nous offrant ses services, tira de dessous sa robe un énorme portefeuille plein de *certificats* des personnes qu'il avait servies. Notre capitaine l'arrêta comme comprador près le navire, et il fit aussi un accord avec un des gens de sa suite qui s'engagea comme comprador près le comptoir. Tous nous exhibèrent des liasses de certificats. Voyons maintenant en quoi consistent les fonctions des comprадors ; on verra en même temps que les Européens ne peuvent se dispenser de les employer pendant toute la durée de leur séjour en Chine.

Le nom de comprador atteste son origine portugaise ; il signifie acheteur ; d'ailleurs toutes les nations l'emploient indistinctement. Ils sont de deux espèces : les uns approvisionnent les navires stationnés à Wampoa et les autres approvisionnent les factoreries de Canton. Ces deux classes se soutiennent mutuellement ; ceux qui fournissent aux vaisseaux habitent près du port de Wampoa et les autres vivent à Canton. Ceux qui ont des associés à Wampoa sont préférés aux autres, parce qu'en général la viande de boucherie qu'ils fournissent est de meilleure qualité. La viande qui se vend habituellement à Canton est de la chair de buffle ; comme on emploie ces animaux au travail des champs et qu'on ne les abat que lorsqu'ils sont hors de service, leur chair, qui est dure de sa nature, est alors tout-à-fait mauvaise; aussi les Européens n'en font-ils aucun cas. Mais si le buffle ne procure qu'un mauvais aliment, c'est du reste un animal précieux pour la culture du riz qui croît dans des champs inondés une partie de l'année. Il faut donc un amphibie pour pouvoir labourer ces terres; aussi, loin de craindre l'eau, le buffle s'y complaît et savoure avec délices les plantes aquatiques qu'il parvient à arracher du fond en plongeant la tête à une assez grande profondeur.

Les compradors reçoivent du hoppo, percepteur des droits du port de Canton, des *tchopes* (1)[1] ou permis de fournir aux étrangers les objets de consommation qui leur sont nécessaires. Aucun salaire déterminé n'est affecté à leur emploi, quoiqu'ils soient obligés de payer une

(1) Voir les notes à la fin de l'ouvrage.

forte taxe pour le privilége dont ils jouissent; aussi s'en dédommagent-ils aux dépens des étrangers dont ils sont les pourvoyeurs. Sans cesse exposés aux vexations des mandarins subalternes et environnés de dangers réels, ils parviennent cependant à s'enrichir en surmontant tous les obstacles. Les capitaines, les officiers et même les matelots se servent de compradors pour tous les achats qu'ils ont à faire, et comme ceux-ci ont des magasins à Canton et à Wampoa, le commerce qu'ils font est très lucratif. C'est dès huit heures du matin que leurs bateaux, chargés de denrées, viennent s'embosser près des navires, et il leur est permis d'y rester jusqu'au coucher du soleil. A la sortie de Wampoa, la douane visite ces bateaux; mais comme le comprador a soin de se rendre le douanier favorable, on conçoit que rien ne s'oppose au commerce subreptice; aussi la contrebande se fait-elle sur une vaste échelle.

Dès qu'un bâtiment entre dans le port de Wampoa, deux bateaux de la douane, appelés bateaux *hoppo,* viennent se placer à sa poupe. Les deux douaniers qui les montent, et qui doivent demeurer auprès du bâtiment, sont chargés de veiller à ce qu'il ne se fasse pas de la contrebande ; mais leur vigilance n'est qu'apparente, et, sans s'inquiéter de ce qui se fait autour d'eux, ils passent paisiblement leur temps à jouer et à fumer ; dormir est encore une de leurs occupations favorites.

Comme ces douaniers s'entendent avec le comprador du bâtiment, toutes les fois qu'il y a contestation entre ce dernier et quelque mandarin subalterne, ils ne manquent jamais, quoique officiers publics, de se ranger du parti du comprador. C'est ainsi que les délégués du pouvoir en agissent en Chine, et il serait difficile de donner une juste idée de l'effronterie avec laquelle la contrebande se fait en plein jour à Wampoa.

Les bateaux hoppo contiennent de petites boutiques où l'on ne vend que des objets de peu de valeur, des fruits, des légumes et du *samtcheu*, boisson enivrante et même dangereuse ; aussi les capitaines doivent-ils exercer une surveillance sévère sur les hommes de leurs équipages, car l'action du sam-tcheu sur l'économie animale est si terrible qu'elle peut occasionner la mort.

Les dépenses d'un séjour à Wampoa se sont considérablement accrues par l'avidité des employés du gouvernement; aussi serait-il difficile maintenant de se procurer un comprador qui se chargeât d'approvisionner un fort bâtiment, à moins de 200 à 250 piastres d'Espagne (de 1080 à 1350 francs). Aussi les petits bâtiments qui arrivent à Wampoa, et qui ne sont point en état de soutenir de pareilles dépenses, ont-ils recours aux douaniers des bateaux hoppo qui leur tiennent lieu de comprador. Mais si ces gens négligent en pareil cas d'acheter le silence du mandarin, ce moyen devient très dangereux, car on risque d'avoir bientôt son bâtiment mis en interdit.

En Chine, tout, jusques aux moindres bagatelles, se vend au poids et au moyen d'une balance très fausse et d'une espèce particulière, qui se nomme *titchine*. Ce mode de vente favorise extrêmement la fraude, et comme les Chinois sont d'ailleurs à cet égard dans les meilleures dispositions du monde, il est bien rare qu'un Européen ne finisse pas par être dupé! En voici un exemple entre mille : il m'est souvent arrivé, en achetant diverses denrées, qui toutes se vendent dans des corbeilles où on les pèse, sans tenir compte du poids de la corbeille, d'y découvrir ensuite des pierres qui avaient été mises au fond pour ajouter au poids.

Si je me suis un peu étendu sur ce qui concerne l'approvisionnement des navires dans le port de Wampoa, ç'a été dans l'espoir de fournir d'utiles renseignements aux voyageurs qui se proposent de visiter la Chine.

Un vent frais et favorable venait de s'élever ; on en profita pour continuer la route et entrer dans le port de Macao, où nous jetâmes l'ancre, à six ou sept milles de la ville (2). Aussitôt, pour se conformer à l'usage établi, un de nos officiers partit pour aller complimenter le gouverneur portugais, et pour prier le mandarin de nous fournir un pilote qui dirigeât notre navire, en remontant la rivière, jusqu'à Wampoa. Quant au pêcheur qui nous avait servi de pilote jusque-là, il s'empressa de se retirer dès que nous eûmes dépassé les îles *Ladrones* (îles des brigands). Nous lui payâmes ce qui lui était dû, et il partit en faisant paraître les signes de la plus grande frayeur. C'était le bâton du mandarin que le pauvre homme redoutait !

Macao est, comme on sait, une petite île voisine de la côte ; les Chinois la nomment Omunn. Cette île a été décrite tant de fois que je crois pouvoir me dispenser d'une vaine répétition; je me bornerai donc à remarquer que c'est l'endroit où les étrangers vont passer la belle saison, à moins que leurs affaires ne les retiennent à Canton, d'où cette île est distante de 90 milles anglais, dans la direction du sud-ouest. Elle est bien approvisionnée en poisson, en viande et en légumes. Rien n'est beau comme la vue dont on jouit en gravissant la rive élevée du port intérieur; c'est là sans contredit un des sites les plus pittoresques du globe. On y trouve aussi *Casa de Horta*, lieu célèbre par la grotte où le Camoëns composa ses Lusiades. Nous y trouvâmes un jardin dont les embellissements sont dus à deux Anglais, MM. Drummond et Roberts, qui y ont consacré bien des soins. Le caractère ferme et les vertus hospitalières du premier vivront longtemps dans le souvenir des habitants; quant à M. Roberts, une tombe isolée reposait silencieuse dans le lieu même qu'il s'était plu à embellir!

Six heures s'écoulèrent pourtant avant que nous eussions pu obtenir la permission de prendre un pilote pour nous rendre à Wampoa; il arriva enfin. Quelque longue qu'eût été notre attente, on m'apprit que nous étions bien heureux qu'elle n'eût pas duré plus longtemps, ce qui nous serait infailliblement arrivé si notre navire n'avait pas eu de chargement. Le pilote, avant que d'en prendre la direction, nous pria instamment de lui dire s'il n'y avait point des femmes européennes à bord, les règlements défendant de les laisser dépasser *Boca-Tigris*, à l'embouchure de la rivière de ce nom. Cette défense ne date cependant que d'une certaine époque; car lorsque les Hollandais arrivèrent à Canton, il leur fut permis d'y amener leurs femmes; mais des désordres en étant résultés, il fut défendu aux femmes européennes de dépasser Macao. Malgré la rigueur du règlement, les dames de Macao se permettent d'aller à la rencontre des bâtiments qui quittent Canton pour retourner en Europe; elles montent en pareil cas des bateaux européens qui s'avancent jusqu'à l'endroit nommé le second banc, afin d'éviter le danger qu'ils auraient à la rencontre des bâtiments qui entrent à pleine voile dans le port de Macao.

Le vent étant devenu favorable, on leva l'ancre et nous entrâmes bientôt dans un détroit formé par un groupe d'îles verdoyantes ([3]) qui s'étendent de l'est à l'ouest. Celles d'entre elles qui avoisinent Macao ne sont pas aussi bien partagées ; on n'y voit au lieu de végétation qu'un sol rougeâtre ; en un mot l'aspect de ces îles est sauvage et inculte. En arrivant au petit golfe de Boca-Tigris, à l'embouchure de la rivière, nous aperçûmes sur les deux rives quatre forts, si tant est que ces fortifications *liliputiennes* méritent ce nom.

Les Chinois les estiment cependant beaucoup ; ils sont même convaincus qu'il n'existe pas au monde d'ouvrages aussi formidables. Je les ai vu affirmer que si un bâtiment avait la hardiesse de passer devant ces fortins sans en avoir obtenu la permission du mandarin impérial de Macao, il serait infailliblement détruit (4). Nous jetâmes l'ancre en cet endroit, pour donner le temps au pilote d'échanger son *tchope* contre un permis valable pour se rendre à Wampoa.

Deux heures se passèrent à attendre, après lesquelles le pilote revint en compagnie de deux douaniers, qui, après avoir attaché leurs bateaux à la poupe du bâtiment, montèrent à bord ; à peine sur le pont, ils se mirent à le parcourir avec gravité et en affectant un air d'importance. Ils avaient des robes de soie, leurs bonnets étaient ornés de houppes, et d'élégantes boucles reluisaient à leurs ceintures ; mais malgré cette recherche apparente, tout ce qui s'apercevait des vêtements de dessous dénotait la plus dégoûtante malpropreté. Après avoir régalé nos hôtes de biscuit, de viande et de rhum, dans l'espoir de nous en débarrasser, nous vîmes, à notre grand désappointement, qu'au contraire leur projet était de s'établir sur le bâtiment : comme ils n'en avaient pas le droit, je conseillai au capitaine de leur enjoindre de regagner leurs bateaux, conseil qui fut suivi et couronné du plus grand succès. Ces sortes d'individus sont non-seulement d'une impudence extrême, mais en outre fort disposés à s'approprier les objets à leur convenance qui leur tombent sous la main ; il m'est arrivé plus d'une fois d'en surprendre qui mettaient ainsi différents objets dans les poches de leurs amples robes.

Après avoir dépassé les forts et l'*île des Tigres*, ainsi nommée à cause de sa forme qui approche de celle de ce quadrupède, nous traversâmes la rivière et suivîmes le rivage oriental presque jusqu'à Wampoa. Le pays, sur les deux rives, quoique plat, ne laissait pas que de présenter de l'intérêt par les vastes rizières qui le couvraient en grande partie, et que l'industrie des habitants est parvenue à dessécher à volonté, au moyen de nombreuses digues. L'éclatante verdure des champs était agréablement coupée par la couleur foncée de ces digues, qu'ombrageaient des pêchers et des platanes chargés d'une multitude de fruits. La rivière n'est pas partout également navigable; deux bancs de sable s'opposent au passage des grands bâtiments, à moins qu'ils ne soient favorisés par une très haute marée; quant à ceux de moindre dimension, ils peuvent les franchir en temps ordinaire. Les pilotes chinois, toujours avides de gain, mettent ces obstacles à profit pour rançonner les capitaines, auxquels ils font accroire qu'il leur faut un plus grand nombre de bateaux remorqueurs que cela n'est réellement nécessaire. Bien que le salaire du pilote s'élève à près de 60 piastres d'Espagne (324 francs), le mandarin de Macao, ainsi que le pilote en chef, en prennent une si forte part qu'il ne reste au malheureux que très peu de chose; aussi ne subsiste-t-il qu'au moyen de gains illicites! Les hommes qui remplissent ordinairement ces fonctions sont des pêcheurs qui connaissent parfaitement l'art de diriger les navires, et savent les noms de tous les agrès, ainsi que les termes du commandement en anglais;

cette classe d'hommes est digne d'intérêt par le zèle avec lequel ils accomplissent les pénibles travaux de leur état, tandis que leur chef est habillé de soie et vit dans la plus complète oisiveté.

Les bas-fonds une fois dépassés, nous ne tardâmes pas à entrer dans la rade de Wampoa, où notre navire mouilla en sûreté entre les îles Danoise et Française à l'ouest, et l'île de Wampoa à l'est. A peine arrivés, nous nous trouvâmes entourés d'une multitude de sampanes, bateaux que des femmes dirigeaient; ces femmes étaient des blanchisseuses qui venaient nous demander notre pratique. Le bas prix de leur travail est vraiment incroyable. On a peine à croire que le blanchissage d'un matelot ne lui revient qu'à une piastre pour toute la durée de son séjour, qui est de deux à quatre mois; il est vrai qu'il est d'usage de leur abandonner en partant tous les restes de provisions. Ces sortes de femmes exercent une fâcheuse influence sur les matelots et demandent à être surveillées; elles sont trop souvent les instigatrices des vols qui se commettent, et ce sont aussi elles qui procurent aux matelots du *sam-tcheu*, qui, comme je l'ai dit, est très dangereux. L'usage de cette liqueur occasionne beaucoup de dyssenteries et de fièvres intermittentes, maladies très difficiles à guérir dans ce climat.

Les Européens doivent aussi éviter de s'exposer au soleil ou à la rosée, lorsque la mousson d'est commence à souffler; il faut alors se pourvoir de couvertures, distribuer de bonnes rations d'eau-de-vie aux matelots et les empêcher de dormir sur le pont du bâtiment, même dans le fort de la chaleur. On ne pouvait se procurer autrefois de bonne eau-de-vie à Canton, mais actuellement une distillerie a été établie par un Chinois qui a longtemps habité Pennangue (5); on y fabrique aussi de bon rhum.

Les blanchisseuses dont nous venons de parler étaient autrefois les seules femmes auxquelles il fût permis de fréquenter les navires; mais les choses ont tellement changé depuis lors qu'il règne actuellement, sous ce rapport, autant de liberté en Chine qu'à Londres ou à Portsmouth. Aussi, dès que le soleil est couché, des bateaux réellement surchargés de femmes quittent le rivage avec l'autorisation du mandarin et viennent entourer les navires. Ces femmes, qui parlent ordinairement un peu l'anglais et le portugais, sont de pauvres filles nées pour la plupart de parents indigents, et vendues très jeunes à des individus qui spéculent ensuite sur leurs charmes. Leur malheureuse existence est vraiment digne de pitié, car c'est en esclaves qu'elles sont traitées par des maîtres qui ne les considèrent que comme une source de profits; souvent ils les accablent de coups et ne leur accordent toujours que la plus grossière nourriture et des vêtements insuffisants. Malgré tant de misère, beaucoup parmi elles sont agréables, si ce n'est jolies, c'est-à-dire qu'elles sont bien faites et que leur physionomie est avenante; mais ce qui est surprenant, c'est qu'elles sont toujours gaies, enjouées, et ne paraissent pas souffrir de leur position. D'ailleurs elles ont un attrait particulier aux yeux de tout Européen; c'est de n'avoir pas les pieds déformés; la petitesse des pieds étant l'apanage des femmes de la classe élevée.

Remarquons en terminant que l'usage de vendre des enfants pour un certain nombre d'années est généralement établi en Chine; c'est même là le seule genre d'esclavage autorisé.

CHAPITRE II.

Wampoa; beauté des environs. — Rapports des Chinois avec les navires européens. — Avidité, vénalité des fonctionnaires chinois. — Cupidité et avariee, principales passions des Chinois. — Contrebande. — Importance du commerce clandestin de l'opium. — Sûreté de transport par les bateaux contrebandiers. — Comment éviter les mauvais procédés des fonctionnaires. — Conduite à tenir envers les Chinois. — Rivière Yonca. — Rivière Salée. — Epo-Tsy, amiral des pirates. — Commerce de la Chine. — Navigation. — Colonies chinoises. — Construction et manière de diriger les jonques. — Grand nombre de navires dans les environs de Canton. — Fortifications hollandaises. — Arrivée à Canton. — Conduite que les négociants étrangers ont à tenir. — Négociants du hong. — Rapports commerciaux avec la Chine. — Commerce du thé.

L'étranger en arrivant à Wampoa est surpris de la diversité des objets qui frappent ses yeux. Des îles d'un aspect pittoresque décorées avec art, des champs verdoyants de riz et de cannes à sucre qui attestent la fertilité du pays, des pagodes entourées de bouquets d'arbres, une infinité de bateaux, une flotte immense de navires venant de toutes les parties du globe et voguant sur un fleuve majestueux, tels étaient les éléments de ce tableau mobile dont l'imagination la plus vive aurait peine à se figurer la variété.

Nous trouvâmes nécessaire de poursuivre notre route vers Canton. Dans un pays dont le gouvernement est aussi soupçonneux que fantasque, tout droit exceptionnel accordé à un étranger excite une juste surprise ; mais lorsque nous apprîmes l'extrême vénalité et la cupidité des agents du pouvoir, ainsi que les bénéfices qu'ils retirent, toute marque d'obligeance de leur part cessa de nous surprendre. Cette remarque s'applique au fait suivant. Depuis fort longtemps, au dire des Chinois, les capitaines ont le privilége de circuler entre Wampoa et Canton dans leurs propres chaloupes, sans être soumis à la visite et aux tracasseries des distributeurs de *tchopes* et des pataches de la douane, à condition cependant que le pavillon de la nation à laquelle le bâtiment appartient soit arboré, pour indiquer que le capitaine se trouve dans la chaloupe. Lorsqu'il s'agit en pareil cas d'une course de Wampoa à Canton, le douanier d'un des bateaux *hoppo* attachés au navire délivre un permis où le nombre des hommes embarqués sur la chaloupe est relaté avec d'autres détails, et le capitaine est obligé de présenter ce permis, à son arrivée à Canton, au mandarin de la marine qui visite les embarcations. On prescrit en outre de ne transporter dans les chaloupes que les objets indispensables au capitaine et à l'équipage, comme vêtements et provisions; mais quant aux marchandises sujettes aux droits, il est sévèrement défendu d'en transporter. Telle est donc la loi, mais est-elle bien suivie? non, car les chaloupes vont et viennent librement sans que personne s'inquiète de s'assurer si les capitaines s'y trouvent; il suffit seulement que le pavillon soit déployé. On verra plus tard les avantages qui en reviennent aux mandarins, qui sans cela ne se montreraient certes pas aussi indulgents. Mais il faut convenir aussi que ces facilités sont d'un grand agrément aux Européens, qui évitent de la sorte une foule de tracasseries, et ne sont plus astreints qu'à payer deux fois : la première au douanier du hoppo sur leur bâtiment, et la seconde au mandarin de Canton. Dans un bateau chinois, au contraire, tout est désagrément; à chaque instant il y a des droits à payer, et si le batelier ne se montre pas généreux, on est retenu deux fois plus qu'il ne faudrait. Le malheureux batelier chinois est donc forcé de délier sa bourse, sauf à être indemnisé plus tard par celui qu'il conduit. Ces abus se sont considérablement accrus, surtout dans les dernières années, de sorte qu'une course à Wampoa, qui coûtait autrefois une piastre d'Espagne, ne peut actuellement se faire à moins de trois et même de cinq piastres.

Les mandarins subalternes qui perçoivent les droits sur les bateaux se tiennent dans des guérites disposées le long du rivage; ils sont aussi chargés de s'opposer à la contrebande; mais loin de le faire ils protégent la fraude et s'approprient les recettes au lieu de les verser dans le trésor impérial. Je ne doute pas que ces exactions n'aient considérablement augmenté depuis que la contrebande s'est introduite en Chine; quant aux Chinois, ils en font remonter l'origine à l'époque de la conquête de la Chine par les Tartares. Sans examiner jusqu'à quel point cette opinion peut être fondée, nous pouvons affirmer que des habitudes si enracinées et un commerce de contrebande organisé avec tant d'art doivent avoir leur principe dans une époque très reculée. Les Européens mettent aussi à profit une facilité qui leur est offerte pour échapper aux droits de douane, droits qui forment en Chine un des principaux revenus de l'Etat. Les bateaux européens qui se rendent à Canton ont la permission de porter à leurs comptoirs des vêtements, des meubles, de l'argenterie, de la vaisselle, de la verrerie, du vin et des comestibles, mais point de marchandises. C'est pour cela qu'on les visite sévèrement, surtout lorsqu'ils vont de Wampoa à Canton; mais à leur retour, comme ils sont censés aller à vide, la rigueur étant moindre, il est aisé de corrompre les employés des douanes, et de transporter de cette manière de l'or, de l'argent, du zinc, etc., et en général des marchandises d'un petit volume.

Les agents de l'autorité sont donc fortement entachés de vénalité, mais c'est au gouvernement lui-même qu'il faut s'en prendre. Oui, ce sont les droits exorbitants dont les marchandises sont frappées qui ont excité la principale passion des Chinois, l'amour du gain; aussi la majeure partie de la population de Canton vit de contrebande, et c'est même le genre de négoce le plus avantageux.

Tout le commerce de l'opium, à l'exception de dix caisses dont l'importation à Macao est autorisée comme médicament, se fait en contrebande. Chaque année le gouvernement publie des ordonnances au nom de l'empereur qui punissent de mort tout individu qui aurait apporté de l'opium, et néanmoins on en apporte annuellement environ quatre mille caisses, tant à Canton qu'à Macao. Or, chaque caisse pesant un pékul ([6]), qui se vend de 1200 à 2000 piastres d'Espagne (de 6480 à 10,800 fr.), on peut se faire une idée de l'énormité du commerce de contrebande en Chine ([7]). Non-seulement les mandarins subalternes participent à la fraude, mais encore leurs puissants protecteurs. C'est à tel point que l'on voit transporter l'opium en plein jour et à découvert dans les rues de Macao. A Wampoa ce transport s'effectuait autrefois pendant la nuit; mais dans les dernières années de mon séjour, j'ai vu des marchands se rendre ouvertement à bord des bâtiments avec un employé de la douane, et faire décharger les caisses d'opium en plein jour. Pour les transporter ensuite de Macao à Canton, on fait usage d'*opiumiers*, grands bateaux armés, montés par trente ou quarante hommes. En pareille occasion il y a un léger cadeau à faire aux employés de la douane pour en obtenir le permis nécessaire. L'autorisation même de vendre l'opium s'obtient à prix d'argent. A Macao on prend 60 piastres (324 fr.) et il y en a autant à payer ensuite à Canton.

Les *opiumiers* servent à beaucoup de personnes pour transporter des valeurs considérables en monnaie à Macao, sans que cela occasionne de grands frais, et par cette voie on est certain que l'argent parvient à sa destination. La dernière fois que je me rendis de Canton à Macao, ce fut sur un de ces bateaux. N'ayant pu me procurer un bâtiment européen, je m'adressai à un contrebandier qui, après que nous eûmes fixé les conditions du transport, m'indiqua le lieu et l'heure où il viendrait me prendre; le lendemain, m'y étant rendu dans un bateau européen, j'y trouvai une belle embarcation armée, montée de vingt-six rameurs, qui me transportèrent à Macao en moins de onze heures. Quelle fut ma surprise, en arrivant, de voir le patron du bateau se rendre fort tranquillement à bord de la patache de la douane, d'où il revint quelques minutes après en m'annonçant que je pouvais débarquer sans crainte pour mes effets, qui furent aussitôt portés à mon habitation par ses mariniers. Cette course me revint à 40 piastres (216 fr.), tandis qu'en me servant de toute autre voie de transport les droits seuls m'auraient occasionné une dépense d'au moins 400 piastres (2160 fr.). Ce que cela me coûta était vraiment bien peu pour un voyage fait aussi promptement que commodément.

Malgré l'importance du commerce de l'opium, il arrive parfois qu'un fou-youen (gouverneur civil) nouvellement nommé débute par quelques actes de sévérité, qu'il fasse détruire les magasins et poursuivre les marchands d'opium, qui du reste se tiennent si bien sur leurs gardes qu'on ne vient guère à bout de les arrêter. Cette rigueur n'est d'ailleurs jamais de longue durée, et il est bien rare qu'elle ne cède pas au bout de quelques mois à l'appât irrésistible de l'or. Je dois pourtant dire que, durant mon séjour en Chine, la place de fou-youen fut une fois donnée à un homme que l'on ne put parvenir à corrompre; ce dignitaire, qui en outre était homme d'esprit, se nommait Pack-Tay-Yen ou Pé-Tay-Djin. La haine qu'il s'attira, en anéantissant en grande partie le commerce de l'opium, fut si grande que ses subordonnés employèrent tous les moyens possibles pour l'éloigner en le faisant nommer à d'autres fonctions. Ils y réussirent, et Pack-Tay-Yen, après avoir encore rempli divers emplois, s'éleva par son talent au rang de tsong-to (vice-roi de Canton), mais là son intégrité fléchit à l'aspect des immenses avantages dont il pouvait profiter; aussi cette nouvelle conduite lui profita-t-elle, et il parvint à acquérir d'immenses richesses. Ce personnage remarquable monta encore en dignité en entrant au conseil avec le titre important de ko-lao; mais bientôt il se retira des affaires. J'ai dîné chez M. Drummond avec ce haut dignitaire; c'était à bord d'un navire anglais de la Compagnie des Indes que le repas eut lieu. C'est là un exemple unique d'un vice-roi de Canton dînant chez un Européen.

La contrebande se fait aussi en grand sur les métaux, dont l'exportation est prohibée, à l'exception du zinc. La quantité de ce métal dont l'exportation est autorisée se règle chaque année, ce qui n'empêche pas que les navires de la Compagnie des Indes n'en exportent des quantités considérables.

J'ai dit plus haut que, lorsque les capitaines veulent se rendre de Macao à Canton, il leur suffit de hisser leur pavillon à bord du bateau qu'ils montent. Cependant je dois ajouter que pour s'assurer de la bienveillance du mandarin de la patache des douanes, ce qui peut être d'une grande utilité, il convient de lui faire une visite au premier voyage que l'on fait. Je dirai encore que comme dans ce pays tout est objet de trafic, même les plus simples égards, il faut être bien sur ses gardes toutes les fois que l'on est témoin de la vénalité des employés, car s'ils s'apercevaient du mépris que leurs procédés inspirent, on aurait à s'en repentir, car ils ne le pardonneraient jamais.

En poursuivant notre route vers Canton nous remarquâmes deux pagodes, plusieurs villages fort peuplés et d'immenses champs de riz et de cannes à sucre, parfaitement bien cultivés ; tout en un mot attestait que ces lieux contenaient une population industrieuse et appliquée au travail. Il existe encore un autre chemin par eau de l'autre côté de Wampoa, en remontant la rivière Yonka ou Djonka, dont l'embouchure est au-dessous de la rade ; c'est par là que passent toutes les jonques de grande dimension qui se rendent à Canton. Arrivées à la source de la rivière, ces jonques passent sur la rive gauche pour entrer dans la rivière Salée, où tous les bâtiments chargés de sel s'arrêtent pour acquitter les droits de la régie des salines. La plus grande partie du sel que l'on apporte à Canton provient de la rive occidentale de l'île Hainan. Ce commerce (et en général tout le commerce étranger) est entre les mains de compagnies privilégiées, auxquelles les Européens donnent le nom de *hong*. La compagnie du sel est la plus importante et la plus riche, et les capitalistes qui la composent sont revêtus du titre de mandarins. Pour faire le commerce du sel, il faut une permission spéciale dont on ne pourrait se passer sans encourir des peines sévères. Une surveillance active est exercée sur ce commerce, l'un des principaux revenus de l'Etat, et néanmoins les mandarins subalternes parviennent encore à tromper le gouvernement.

La partie de la rivière que fréquentent les bateaux de sel était infestée à une certaine époque par un chef de pirates qui, se donnant le titre d'amiral, avait à ses ordres une nombreuse flotte et près de vingt mille hommes. Après qu'il se fut emparé d'un grand nombre de jonques chargées de sel, la compagnie se décida à conclure avec Epo-Tsy, c'est le nom du pirate, un traité par lequel elle s'engageait à lui payer une redevance par chaque bateau. Plus tard les patrons de ces jonques, pour se rendre les pirates favorables, commencèrent à leur fournir des vivres et même des armes. Mais le gouvernement, instruit de ces abus, mit le séquestre sur tous les bateaux de sel. Alors Epo-Tsy, ne recevant plus de vivres, hasarda une descente dans le détroit intérieur qui conduit à Macao et y ayant trouvé un grand nombre de femmes qui travaillaient aux champs, il les contraignit à récolter tout le riz dont ces champs étaient couverts et à le transporter à bord de son escadre. Enfin ce pirate porta même ses ravages jusqu'à six lieues de Canton. Le vice-roi sentant à quel point il était important de le réduire, et les bâtiments de guerre chinois ayant eu le dessous dans toutes les rencontres, il imagina de s'adresser à un navire anglais; mais comme les pirates se maintenaient toujours les plus forts, le vice-roi, pour en finir, pria les Portugais de Macao de se porter comme intermédiaires. Une négociation s'ensuivit, et l'amnistie fut accordée à Epo-Tsy, sous la garantie des Portugais; il déposa alors les armes, et fut nommé gouverneur de la province de Fo-Kien, suivant ce qui avait été convenu. Cet aventurier était tellement audacieux qu'une fois il s'empara d'une flotte entière de bâtiments de guerre chinois, dont le teytouka (amiral) était oncle de l'empereur ; l'ayant fait prisonnier, Epo-Tsy lui trancha la tête. Plus tard cependant il eut à se repentir de cette action ; car à peine était-il arrivé dans la province de Fo-Kien qu'il y reçut une lettre de l'empereur, rédigée avec la politesse recherchée du style chinois. Elle avait pour but de lui rappeler que les lois du pays demandaient sang pour sang, et qu'en conséquence il était juste qu'il payât du sien celui qu'il avait répandu dans la personne de l'oncle de Sa Majesté. Il n'y eut pas moyen d'échapper à cet arrêt, et la tête d'Epo-Tsy fut bientôt envoyée à Pékin.

La Chine fait par ses propres navires un commerce considérable avec le Japon, la Cochinchine, Siam, Tonquin, Java, Sumatra, Macassar, et toutes les îles de l'archipel indo-chinois. On peut évaluer à quarante mille tonnes le port des jonques employées à ce commerce, ainsi qu'à celui du sel. Chacune d'elles transporte pour une valeur de trois à cinq cent mille piastres en marchandises, qui consistent principalement en porcelaine, soiries, perses, vêtements, livres, papier, quincaillerie, thé, instruments aratoires, draps, etc.

Pour diriger leurs jonques, les Chinois se servent ordinairement de pilotes portugais en état de prendre la hauteur du soleil, car pour eux ils n'entendent absolument rien à la théorie de la navigation, mais en revanche ils sont d'adroits matelots. Leur coutume est de se mettre en mer par la mousson de nord-est, pour revenir par celle de sud-ouest, de sorte qu'ils ne font qu'un seul voyage dans l'année. Tout l'archipel indo-chinois est rempli de colons chinois qui s'y font remarquer par leur industrie, comme dans tous les lieux où ils ont fondé des établissements. Ce sont eux qui s'occupent de l'exploitation des mines d'or et d'étain, ainsi que de la culture du coton, de l'indigo et des cannes à sucre, et comme ils n'ont pour concurrents que les insouciants Malais, il leur est aisé de faire fortune. Un fait digne de remarque, c'est que, malgré les nombreuses alliances que ces colons contractent avec les femmes du pays, les mœurs chinoises n'éprouvent chez eux aucune altération, en sorte que tous les lieux où ils se sont établis présentent un aspect parfaitement semblable à la Chine. Au Japon, ces colons sont soumis à une surveillance si sévère qu'on ne leur permet d'habiter que dans un endroit séparé de la ville de Nangasacki. Dans l'Inde, le nombre des colons chinois est considérable, et le gouvernement anglais en les protégeant donne une preuve de plus de sa sagesse.

Les jonques chinoises sont de différentes dimensions, depuis cent tonnes jusqu'au port énorme de cent cinquante. Elles se divisent par séries, d'après leur capacité, et leur construction est si bien ordonnée qu'une voie d'eau peut s'ouvrir dans une partie sans que les autres parties en souffrent. Ces bâtiments portent un ou deux mâts très élevés, sans haubans; leurs voiles sont en nattes, fixées à des vergues en bambou, très légères et pourtant très solides (8). Le procédé que l'on emploie pour placer un mât d'une si grande hauteur mérite d'être rapporté. On commence à cet effet par construire un échafaudage en bambous, à l'endroit que le mât doit occuper; cet échafaudage est ouvert d'un côté, et se compose de cinq ou six étages superposés. Ceci fait, le mât est amené sur le pont par son pied; puis des câbles, fixés à des cabestans placés aux différents étages, sont mis en mouvement. Le mât s'élève de cette manière, et lorsqu'il a pris une position perpendiculaire, on le redescend doucement dans l'ouverture destinée à le recevoir. Les ancres des Chinois diffèrent aussi des nôtres, car elles sont en bois et n'ont qu'une seule patte; cependant, malgré leur grossièreté apparente, ces ancres conviennent parfaitement à l'usage auquel elles sont destinées, et j'ai vu moi-même une jonque tenir sur son ancre par une tempête qui jeta tous les bâtiments portugais à la côte.

On ne saurait imaginer de spectacle plus curieux que l'arrivée d'une grande jonque venant de Batavia; c'est une confusion, un pêle-mêle dont il est difficile de se faire une juste idée. Tout le pont est encombré d'hommes mêlés à des singes, à des perroquets et à une foule d'autres animaux : c'est en un mot un arche de Noé, à part le grand nombre d'hommes et de femmes qui s'y trouvent. Le propriétaire du bâtiment, qui quelquefois est une femme, ne se réserve qu'un très petit espace, tandis que les nombreux passagers, qui sont ou des marchands qui accompagnent toujours leurs marchandises, ou bien des artisans qui ont été chercher fortune dans l'Archipel, remplissent la majeure partie du bâtiment. Nous avons déjà dit que les Chinois sont bons matelots; en effet, pendant la dernière guerre, les vaisseaux anglais des Indes-Orientales, n'ayant pas leurs équipages au complet, prirent des Chinois et en furent très satisfaits; on n'a à leur reprocher qu'un peu de timidité lorsqu'il s'agit de manœuvrer par une grosse mer.

Si je me suis un peu étendu sur le commerce extérieur de la Chine, c'est dans l'intention de rectifier l'opinion trop légèrement accréditée que cet Etat est exclusivement agricole et manufacturier, tandis que les faits démontrent le contraire. Non-seulement les Chinois ne se bornent pas au seul commerce intérieur, mais j'ose même affirmer que ce peuple est un de ceux dont les relations commerciales sont les plus importantes.

Après avoir dépassé la rivière Salée, nous arrivâmes à Canton, et notre surprise fut portée à son comble lorsque nous vîmes l'activité extraordinaire qui régnait à terre, tandis que l'eau était couverte de myriades d'embarcations et de sampanes de toutes espèces et venant de toutes les provinces de l'empire. Ces sampanes sont de légers et agiles esquifs; elles portent deux rames sur les côtés, et une troisième fort longue fixée à la poupe, où elle tourne sur un pivot en fer. Le nombre des embarcations est tellement grand qu'on désespère d'abord de se frayer un passage dans ce labyrinthe; mais l'étonnement redouble encore lorsqu'on s'aperçoit que l'ordre le plus parfait règne parmi ces masses agglomérées. De chaque côté de la rivière, des espaces ont été ménagés pour la circulation, et les bâtiments eux-mêmes sont rangés symétriquement, en laissant des espèces de rues ouvertes pour les nombreux marchands de comestibles qui ne cessent d'aller et de venir en annonçant leur marchandise par des cris retentissants.

En traversant cette flotte, je remarquai les fortins nommés *Folies-Hollandaises* (Dutch-Follies), nom qui leur a été donné, dit-on, à cause que les Hollandais tentèrent autrefois d'y transporter des canons cachés dans des futailles, ruse que les Chinois découvrirent; on dit aussi que c'est à dater de cette époque qu'il fut défendu aux Européens d'habiter fixément Canton. Quoi qu'il en soit, ce qui est certain, c'est que les autorités de Canton traitent les Hollandais avec toutes sortes d'égards: ces procédés sont d'autant plus faits pour fixer l'attention que durant dix-huit ans aucun navire hollandais n'est arrivé à Macao. On est dans l'habitude, en arrivant à Canton, de s'arrêter au débarcadère, près de l'ancienne factorerie suédoise, où se trouve toujours un douanier pour la visite des effets : si l'on a des objets prohibés à faire passer, un mot dit à l'oreille du *comprador* suffit, et il se charge de remettre au fonctionnaire le léger cadeau qui est destiné à endormir sa sévérité. Si l'on négligeait cette précaution, on s'exposerait à coup sûr aux plus grands désagréments. Une fois débarqué, on peut, ou louer un appartement, ou bien descendre à l'hôtel établi dans l'ancienne factorerie hollandaise, où l'on trouve toutes les commodités désirables.

La première chose qu'un négociant européen doit faire en arrivant à Canton est de se lier avec un membre du hong ou de quelque autre société privilégiée, qui se charge de négocier toutes ses affaires, de lui procurer des marchandises, et qui le cautionne pendant toute la durée de son séjour ; c'est à lui qu'il convient aussi de s'adresser pour se procurer un interprète, sorte de personnage indispensable dans les transactions commerciales.

Les négociants du hong forment une compagnie semblable à celle des salines ; elle est chargée de surveiller le commerce européen, et c'est elle qui répond de tout ce qui a rapport aux droits de douane des navires qu'ils cautionnent, tant pour les marchandises d'importation que pour celles d'exportation. Les hongs sont aussi garants des amendes auxquelles les commerçants européens peuvent avoir été condamnés; leur nombre est ordinairement de onze, mais il devrait être de treize. Les membres qui composent la compagnie sont pour la plupart des négociants convaincus précédemment du délit de contrebande, qui, moyennant de fortes sommes, parviennent à se mettre ainsi à couvert des poursuites. La responsabilité qui pèse sur eux est donc énorme, tandis que le gouvernement évite de cette manière tout sujet de mésintelligence avec les Européens, qu'il considère généralement comme formant une classe d'aventuriers, dont la seule occupation est de traverser les mers pour aller faire fortune. Les négociants du hong ont le titre de mandarin, mais cela n'empêche pas qu'ils sont dans la dépendance du hoppo, leur chef, devant lequel tout sentiment d'honneur et de dignité s'abaisse; en effet, s'il plaît à ce dignitaire de citer un hong à comparaître devant son tribunal, le mandarin se présente à lui à genoux, et se prosterne à plusieurs reprises la tête contre terre avant de parvenir à attirer son attention. Lorsqu'enfin ce chef arrogant lui permet de se relever, le pauvre négociant *titré* ne peut élever l'œil au-dessus du neuvième bouton de la veste du fier hoppo; s'il avait le malheur de rencontrer son regard, le bambou punirait aussitôt cet excès d'audace.

L'usage de ces prosternements est général dans tous les tribunaux de la Chine; en pareil cas l'accusé se prosterne et ne se relève que sur la permission des juges, après quoi il n'a que la liberté de répondre aux questions qui lui sont adressées, sans avoir jamais celle de plaider sa cause. Deux licteurs, armés de bambous, sont placés à ses côtés pour le punir immédiatement s'il avait le malheur de manquer à ce règlement. Les témoins qui déposent dans les procès doivent couper le cou à un coq en même temps qu'ils prononcent la formule du serment! Quant aux prosternements dont on vient de parler, ils n'entraînent aucune idée de déshonneur; on les regarde comme une marque de respect rendue à l'empereur dans la personne de son représentant. Les négociants du *hong* sont également assujettis à cette formalité envers les autorités locales; quant à la fréquence de leurs rapports avec le hoppo, ils tâchent de les restreindre autant que possible, sachant bien que le dignitaire s'en prévaudrait bientôt pour exiger un riche présent, sous peine, en cas de refus, de les accabler de vexations.

La compagnie du *hong* a beaucoup perdu de son influence depuis la mort de son président, Puhan-Kai-Qua, homme qui joignait à une grande fortune des qualités d'esprit véritablement éminentes, et qui répandirent, sur la compagnie qu'il dirigeait, un éclat qu'elle n'a plus actuellement. Deux autres causes incessantes lui nuisent aussi : c'est d'abord le commerce de contrebande, et puis encore l'usage où sont quelques membres pauvres du hong de céder leurs droits d'importation à des marchands détailleurs. Toutes les fois qu'il m'est arrivé d'entendre des Chinois s'exprimer sur l'étendue de leur commerce, je les ai toujours vu accorder la prééminence à leurs relations commerciales avec l'archipel indo-chinois sur celles qu'ils ont avec l'Europe.

Sans rechercher si cette opinion est fondée, observons que les navires européens amènent annuellement à Canton pour 30 ou 40,000 piastres d'Espagne (162,000 à 216,000 francs) de marchandises. Mais l'évaluation, sous le rapport de l'importance de ce commerce, ne doit pas se calculer sur la masse des importations, mais bien sur la quantité et la valeur des produits exportés pour l'Europe.

Le thé à lui seul forme une branche de commerce très importante; on a peine à se figurer le nombre de mains que la préparation de cette feuille met en mouvement. La confection d'une caisse de thé occupe le menuisier, le plombier, le serrurier, le cartonnier et le *chunam* (colleur) (9); il y a en outre plusieurs autres ouvriers occupés à ficeler les caisses, etc. On ne saurait mettre en doute le tort que ferait à la Chine la suppression de son commerce de thé avec l'Angleterre; celle-ci pourrait bien en souffrir aussi, mais certainement moins que la Chine, où des milliers d'individus resteraient sans ouvrage et n'auraient plus de quoi subsister (10). Il résulte de là que les Chinois, tout en affectant l'arrogance envers les Européens, évitent cependant tout ce qui pourrait amener une rupture décisive (11). Ajoutons finalement que le commerce européen a bien plus d'importance à leurs yeux qu'ils ne veulent en convenir.

CHAPITRE III.

Règlements commerciaux. — Exactions. — Visite du hoppo. — Mandarins qui composent le gouvernement. — Pouvoir du vice-roi. — Son conseil. — Du droit criminel. — Anecdotes. — Vénalité et corruption générales. — Punition infligée aux créanciers. — Système monétaire. — Entraves mises au commerce.

Si la conduite oppressive du gouvernement chinois dans ses relations commerciales avec les Européens, ainsi que ses règlements commerciaux, prouvent à quel point il est fin et rusé, on peut affirmer aussi que cette politique est peu sage, car elle ne contribue point à obtenir du commerce européen tous les avantages qu'il pourrait procurer à la Chine.

Dès qu'un bâtiment a jeté l'ancre à Wampoa, le hong répondant est tenu d'offrir au principal hoppo un présent de 4,500 piastres d'Espagne (24,300 fr.), somme que le capitaine du navire doit naturellement lui rembourser plus tard. Il doit donner en outre 200 piastres (1080 fr.) à l'interprète, autant au *comprador*, et d'autres sommes moins fortes aux mandarins de la marine à Wampoa et à Canton. Si l'on ajoute à ces dépenses exorbitantes d'autres frais de nécessité absolue, on pourra évaluer les dépenses d'un grand navire, dans le cours des trois mois de son séjour, de 6,000 à 10,000 piastres (32,400 à 54,000 fr.). A ces débours il faut joindre encore le jaugeage du bâtiment; le devoir du hoppo étant de se rendre à bord de chaque navire nouvellement arrivé, pour pratiquer cette opération et percevoir les droits. Toutes ces formalités doivent être remplies avant de procéder au déchargement.

Voici comment le hoppo vient visiter le bâtiment pour le jauger, ce qui d'ailleurs s'exécute d'une manière tellement inique que les petits bâtiments paient autant de droits que les grands. Au reste, c'est là le seul droit établi légalement; tous les autres ne sont que des abus. Lors donc que le hoppo quitte le rivage pour aller s'acquitter de ses fonctions, c'est dans un grand yacht couvert, orné de banderoles et portant un pavillon qui annonce son rang. Des chaloupes de guerre entourent son embarcation, et plusieurs mandarins l'accompagnent, ainsi que tous les négociants du *hong*, chacun dans sa chaloupe particulière. En arrivant au navire, une échelle couverte de drap rouge doit lui être présentée, et le bâtiment, qui l'a salué de neuf coups de canon à son départ, répète ce même salut lorsqu'il retourne à terre. Le jaugeage terminé, le hoppo perçoit les droits et témoigne ensuite sa satisfaction à l'équipage par des marques de sa libéralité; il fait distribuer du mauvais *sam-tcheu* et une paire de bœufs étiques.

Quand ce dignitaire s'abaisse à remplir ces fonctions en personne, ce qu'il ne fait que lorsque le navire a une riche cargaison, il ne manque pas de choisir tous les objets qui sont à sa convenance; horlogerie, fourrures de prix et fines draperies attirent également son attention; et c'est le malheureux *hong* qui doit ensuite solder le compte. Aussi les propriétaires des bâtiments sont-ils fort aises lorsqu'ils voient arriver l'avide hoppo, sachant qu'ils ont un moyen assuré de se défaire d'une partie de leurs marchandises précieuses et au prix qui leur convient. Mais quand c'est son substitut qui le remplace, ses prétentions sont bien moindres; cependant c'est toujours le pauvre *hong* qui en supporte toute la charge. Outre ces sortes de vexations qui tombent sur les hommes du pays, les Européens en endurent beaucoup aussi et avec un patience incroyable ; il serait vraiment temps que les gouvernements s'interposassent, et des représentations énergiques produiraient sans doute de l'effet ([12]).

J'ai cru qu'il serait intéressant, puisque nous voici à Canton, de donner la liste des mandarins qui composent le gouvernement de cette vice-royauté, avec les dénominations chinoises qui les distinguent. Ils sont au nombre de quatorze, savoir :

Le tsong-to, vice-roi ;

Le tsian-kiun, gouverneur militaire, parent de l'empereur, ayant sous ses ordres la garnison, qui se compose de cinq mille soldats tartares ;

Le too-tong, vice-gouverneur ;

Le fou-youen, gouverneur civil ;

Le pou-chen-tse, caissier ;

Le an-cha-tsi, grand-juge criminel ;

Le kong-chou-foa, mandarin chargé du recouvrement des taxes de navigation ;

Le le-ung-to, mandarin chargé de délivrer les passeports ; il est commissaire des troupes et mandarin du riz ;

Le tsin-to, percepteur de l'impôt sur les maisons ; tous les ans ils doit arpenter le terrain sur lequel les habitations sont construites ; il tient un registre du nombre des habitants ;

Le nom-hoy-ouny, directeur de la police ;

Le pou-ung, son aide ;

Le tcho-ung et le say-yng, mandarins subalternes de la police ;

Le hoppo, directeur des douanes, percepteur des droits pour le commerce extérieur.

Ce dernier fonctionnaire a sous ses ordres un grand nombre d'employés ; tous les percepteurs, douaniers, mandarins de la marine, etc., sont dans sa dépendance ; aussi la distribution d'un aussi grand nombre d'emplois lui procure-t-elle un revenu considérable.

Le vice-roi est le chef suprême, civil et militaire ; c'est lui qui, s'il y a rébellion à main armée, est chargé de marcher à la tête des troupes. Cependant il ne faut pas se figurer qu'il remplisse scrupuleusement les devoirs de sa charge, et j'ai été témoin de plusieurs mouvements insurrectionnels dont le vice-roi s'est toujours tenu assez loin pour ne point compromettre ses jours. Dans le cas d'insurrection, c'est encore lui qui punit les coupables, et en pareil cas il a droit de vie et de mort.

Les jugements rendus par l'*an-cha-tsi*, en matière criminelle, sont envoyés à Pékin et confirmés par l'empereur. Le conseil du vice-roi est composé du gouverneur civil, du caissier et du commissaire des troupes. Cette assemblée n'a que le droit d'avis; c'est ensuite au vice-roi à agir suivant qu'il le juge convenable.

En Chine les supplices sont cruels; ils consistent à trancher la tête, à couper les mains ou les pieds, et quelquefois même on condamne le criminel à avoir le cœur arraché et à servir ensuite de pâture aux oiseaux de proie! Sir George Staunton a traité ce sujet; les personnes curieuses de connaître le code criminel chinois trouveront d'amples détails dans son ouvrage. Les lois criminelles sont donc plus que sévères, mais heureusement qu'on ne les suit pas toujours à la lettre, sans compter que les accusés trouvent encore dans la vénalité des juges un moyen de s'y soustraire.

Si les lois criminelles sont sévères en Chine, on peut dire aussi que l'application en est singulière; en voici un exemple. La loi veut que, lorsqu'un cas de mort subite se présente dans une maison, sans que la cause en soit connue, le propriétaire en soit responsable; bien plus, il est considéré comme coupable du meurtre, à moins qu'il ne parvienne à s'arranger avec la justice, moyennant une somme d'argent. On concevra donc que les Chinois fassent tout leur possible pour cacher de semblables événements. Le fait suivant confirme ce que j'avance. Un Chinois, propriétaire d'un jardin fruitier, voyait ses fruits disparaître sans pouvoir s'en expliquer la cause. Soupçonnant cependant que ce pouvait être le fait d'un voleur, il fit bonne garde avec ses gens, surprit bientôt le malfaiteur, et le voyant fuir lui décocha une flèche qui l'étendit mort. Cette affaire pouvait avoir des suites; aussi le Chinois chercha-t-il un moyen de sortir d'embarras, et croyant l'avoir trouvé, il transporta le corps dans le jardin voisin. Un riche négociant en thé en était le propriétaire, et ce fut sur lui que tombèrent les conséquences de cette mort. En effet, le mandarin chargé de la police ne tarda pas à être instruit de la chose, et s'étant transporté sur les lieux, il décida, conformément aux lois, que le corps resterait à la place où il avait été trouvé jusqu'au moment où la cause du meurtre aurait été découverte. Grand fut le désespoir du marchand de thé, qui malgré son influence ne parvint finalement à se débarrasser du dégoûtant spectacle de ce corps mort, et à être exempté des poursuites, que moyennant un cadeau de 4500 piastres (24,300 fr.), dont le mandarin voulut bien se contenter.

Les arrêts de la justice sont rédigés avec un art infini, de manière à donner aux affaires la tournure qui cadre le mieux avec l'intérêt de la partie la plus influente. J'ignore la manière dont les procès se dirigent à Pékin, mais quant à Canton, je puis affirmer que personne ne s'avise d'y entamer une poursuite judiciaire, sans s'être assuré de fortes protections et avoir préparé des sommes considérables pour se rendre les juges favorables.

Je citerai encore, à l'appui de ce qui précède, une autre aventure arrivée à ce même marchand de thé dont il vient d'être fait mention. Un mendiant étant mort dans un cabaret à la suite de quelques excès, le maître du lieu, qui redoutait des poursuites, transporta le corps pendant la nuit à quelque distance, et le déposa à la porte du marchand. Le mandarin inspecteur des pauvres, ayant constaté le fait, rendit le marchand responsable, et il allait être condamné, lorsque des témoins déclarèrent qu'ils avaient vu transporter le corps. Les poursuites durent donc cesser, et néanmoins le mandarin se refusa à laisser enlever le corps pour se faire donner de l'argent, et en effet le marchand, pour vaincre son obstination, fut contraint de lui compter 200 piastres (1,080 francs).

Plusieurs personnes m'ont assuré que la corruption des fonctionnaires était moindre à Pékin qu'à Canton; au reste, en présentant le tableau fidèle des malversations qui se commettent, mon intention n'a sans doute pas été d'inculper la nation en masse : elle possède assurément des individus estimables, mais j'oserai affirmer toutefois que le nombre en est restreint, et cela se conçoit facilement dans un pays privé de tout établissement d'instruction publique, et où le bâton des mandarins atteint toutes les positions. Si quelques écrivains se sont appliqués à dépeindre les hautes qualités morales de ce peuple, ç'a été certainement à tort; car la Chine, dans son état actuel, est encore bien éloignée d'une vraie civilisation; je ne mets pas en doute qu'il suffit de séjourner pendant un an en Chine pour revenir à mon opinion.

Les châtiments auxquels sont soumis les débiteurs récalcitrants et ceux qui se refusent à acquitter les intérêts d'une dette, ne sont jamais appliqués qu'autant qu'on s'est assuré les juges à force d'argent, ce qui rend donc ces sortes de contestations fort onéreuses aux créanciers. Quant à l'usure, aucune disposition pénale n'est établie contre elle; aussi les Chinois s'y adonnent-ils avec la fureur qu'ils apportent à toute spéculation qui promet des grands bénéfices. Ils aiment encore avec passion à jouer aux cartes; j'en citerai un exemple, mais pour mieux me faire entendre, disons d'abord un mot de la monnaie courante en Chine. La seule monnaie courante est le *cache,* pièce percée à son centre d'une ouverture carrée qui sert à pouvoir en enfiler un grand nombre sur un cordon; les Chinois donnent à cette monnaie le nom de *tchin* en langue vulgaire, de *tung-tchin* en langue écrite : il en faut dix pour faire un *candarin;* dix candarins font un *mace,* et dix maces font un *taël;* un taël vaut une piastre d'Espagne et $\frac{66}{140}$ (7 fr. 94 cent.). Quant à la valeur de la piastre, les hongs ne la reçoivent que pour 720 *tchins,* tandis que les marchands en boutique la prennent à raison de 750 *tchins;* mais, comme je l'ai dit, la monnaie courante se réduit au *cache*. Or il m'est souvent arrivé de voir de simples ouvriers à la journée, qui venaient de recevoir un certain nombre de *caches* pour prix de leur travail, se réunir aussitôt en cercle, puis se distribuer des cartes et jouer à l'instant même ce qu'ils avaient eu bien du mal à gagner.

Comme la Chine ne possède ni banques ni papier-monnaie, et que la monnaie courante est de peu de valeur, tous les paiements s'y font en piastres d'Espagne ou bien en lingots; ce dernier usage n'encourage que trop la mauvaise foi. Il n'y a point, à proprement parler, de lettres de change, mais j'ai pourtant entendu dire que de grands capitalistes tiraient quelquefois les uns sur les autres. Les prêts sur hypothèques se font au taux de 12 à 25 pour 100; mais s'il s'agissait d'emprunter sur la seule garantie du crédit personnel, l'intérêt s'élèverait au moins à 25 pour 100.

On donne la préférence à la piastre neuve d'Espagne, parce que les fabricants de soieries de l'intérieur y sont habitués et ne veulent être payés que dans cette monnaie; aussi les négociants de Canton, pour satisfaire à cette exigence, achètent souvent des piastres neuves, moyennant 4 à 5 d'intérêt, et donnent en échange des lingots de la valeur de 10 *taëls*. Ces lingots sont de forme carrée et portent un poinçon qui indique leur valeur; malgré cela on ne les reçoit jamais sans s'être assuré premièrement du poids et de la pureté du métal, car ils sont souvent au-dessous du titre et du poids légal. En effet le titre légal est fixé à 100, tandis que dans les lingots d'or et d'argent les plus purs, il ne s'élève pas au-dessus de 88 à 92; aussi la valeur de dix taëls n'est que nominative. Beaucoup de ces lingots ont été percés, pour avoir un moyen de s'assurer que le métal contenu dans l'intérieur du lingot est semblable à la partie extérieure.

J'ai avancé plus haut que l'état de civilisation de la Chine est encore bien arriéré, et le manque total d'établissements d'utilité publique en est la preuve. Par exemple, les compagnies d'assurances y sont inconnues, de sorte que du moment qu'une propriété a eu le malheur d'éprouver un sinistre, le propriétaire n'a que ses propres ressources pour se tirer d'embarras. Il est vraiment étonnant qu'un peuple, aussi commerçant, ait négligé d'établir des banques et des comptoirs d'assurance, dont l'existence procure au commerce de si immenses avantages.

CHAPITRE IV.

Population de Canton. — Garnison. — Son instruction. — Guerres civiles. — *Société céleste.* — Meilleures qualités des Chinois. — Conséquences d'une éducation vicieuse. — Dissimulation et duplicité. — Opinion sur la population de l'empire. — Agriculture et jardinage. — Affermage des terres. — Métiers. — Cause des progrès de l'art de la teinture en Chine.

La population de Canton est évaluée par les Chinois à plus d'un million d'habitants, mais je crois ce chiffre exagéré; il peut y avoir, selon moi, de huit à neuf cent mille âmes. Cette nombreuse population est gardée par une garnison de cinq mille soldats tartares qui, de mon temps, étaient commandés par Djan-Kuhan, parent de l'empereur (13). Cette troupe ne peut quitter la ville que sur l'ordre exprès de l'empereur; mais comme force militaire, ce sont assurément les plus misérables soldats du monde. J'ai moi-même été témoin d'une démonstration que le vice-roi fit contre des pirates qui s'étaient approchés de la ville : ce fut avec bien de la peine que ce chef parvient à réunir quatre cents hommes déguenillés, mal armés de piques et d'arquebuses à mèches, et n'ayant presque pas de munitions. Pour tirer une once de poudre du magasin, il faut un conseil général des mandarins, et comme cela exige du temps, la ville a celui d'être prise pendant que l'on s'occupe à réunir l'assemblée.

Dans l'occasion dont je viens de vous parler, les troupes de la garnison ne sortirent de la ville que lorsque les pirates, après avoir dévasté les environs, se furent rembarqués ; cependant le détachement n'en continua pas moins sa marche, et les dégâts qu'il commit dépassèrent de beaucoup le mal occasionné par les forbans. Cet esprit de rapine s'explique d'ailleurs facilement par l'extrême dénûment des militaires, qui reçoivent à peine de quoi pourvoir à leur subsistance journalière.

Les armes employées par l'infanterie chinoise sont l'arquebuse à mèche, la pique et une sorte de hache d'armes montée sur un long manche, qu'ils savent manier avec beaucoup d'adresse. La cavalerie a le sabre, un arc et des flèches ; c'est sur ces dernières armes qu'elle compte le plus, et les cavaliers du Nord sont particulièrement renommés par la manière de s'en servir.

D'après les renseignements que j'ai recueillis, l'armée se monterait à un million d'hommes; sans contester ce chiffre, je crois pouvoir affirmer qu'il n'exista jamais de troupes moins aguerries, moins capables de défendre un pays contre une agression étrangère, et surtout aussi ignorantes de l'art de la guerre ([14]); en voici un exemple. La province de Fo-Kien s'était partagée en deux partis qui en vinrent aux mains, et il fallut envoyer des troupes pour ramener l'ordre. Mais au lieu d'agir efficacement, l'expédition commença par s'assurer du nombre des adversaires, et ayant reconnu que les forces des parties belligérantes s'élevaient à dix mille hommes de part et d'autre, les troupes impériales prirent aussitôt le sage parti de demeurer paisibles spectatrices de la lutte, qui se termina par l'extinction de l'une des deux armées. Après ce résultat, le général sortit de son inaction en demandant au parti vainqueur de lui livrer les prisonniers; il l'obtint sans peine, et ayant rédigé un bulletin fastueux où il n'était question que de la prétendue victoire que ses troupes venaient de remporter, il finissait par demander l'autorisation de trancher la tête aux prisonniers qui étaient tombés entre ses mains. Ce fut donc par la mise à mort de ces malheureux que la glorieuse expédition se termina!

Les troubles dont je viens de faire mention me fournissent l'occasion de parler de la *Société céleste*, association politique qui est une des principales causes des fréquents soulèvements qui tourmentent la Chine. Si ce que les Chinois en disent est vrai, cette société compte parmi ses membres des gens haut placés et de beaucoup d'influence; quant à ce que j'en ai vu à Canton, ce n'était au contraire qu'un ramassis de gens sans aveu et de très mauvais sujets. Toutefois leur extrême hardiesse les rendait redoutables, même à la police de la ville, à laquelle ils ne craignaient pas de résister. Le but constant de cette confrérie est, à ce qu'il paraît, le renversement de la dynastie tartare.

Si les Chinois ont beaucoup de vices, on ne saurait d'un autre côté leur refuser quelques qualités éminentes qui sont : la constance dans les entreprises, l'économie, l'application, et une bonhomie qui fait partie de leur caractère. Sans doute que de pareilles qualités auraient pu être développées sous un gouvernement plus éclairé;

mais s'ils ont de l'intelligence et un esprit inventif, d'un autre côté le langage, les coutumes et la pente même des esprits s'opposent à ce qu'ils sortent du même cercle où ils se meuvent depuis si longtemps. L'éducation elle-même (si tant est qu'il existe en Chine quelque chose qui en mérite le nom) ne tend qu'à les rendre faux, car on ne fait que leur prêcher l'art de duper autrui sans jamais pouvoir l'être soi-même. C'est l'esprit de dissimulation, qui distingue les Asiatiques, que ce peuple met journellement en pratique. Un Chinois de haute considération m'a dit lui-même que chez eux le mensonge n'était pas regardé comme une action répréhensible, à moins qu'il ne fût assez maladroitement tissu pour être facilement découvert. Aussi est-il bien difficile de reconnaître quand un Chinois a l'intention de tromper, tant est grand l'art de profonde dissimulation sous lequel il sait cacher ses coupables intentions.

S'il existe quelques sentiments de probité, c'est assurément parmi le peuple, et j'ai connu un grand nombre de gens sortis de cette classe qui remplissaient avec honnêteté les fonctions de caissiers chez des négociants qui m'en ont fait le plus grand éloge; il convient d'observer cependant que ces sortes d'employés étant présentés par le comprador qui en répond, celui-ci a le plus grand intérêt à bien choisir. Si d'ailleurs les négociants européens ne sont pas trompés davantage par leurs employés dans une contrée où tout excite à le faire, c'est peut-être aussi parce que ceux qu'ils emploient appartiennent à une classe particulière dont l'éducation est plus soignée; la plupart parlent cette espèce d'anglais corrompu dont il a été fait mention.

J'ai déjà émis mon opinion relativement à la population de Canton; quant à celle de la Chine entière, elle me paraît difficile à évaluer. Je ferai observer cependant à ceux qui l'estiment à 300 millions d'habitants, que toute la population vivant de riz, les rizières de la Chine seraient certainement insuffisantes à nourrir un pareil nombre d'hommes (15); je doute même que la population s'élève à 150 millions d'âmes. Si les ambassadeurs et les missionnaires ont avancé des assertions aussi exagérées, c'est qu'en se rendant à Pékin ils ont suivi le cours de canaux ou de rivières, qui naturellement traversent les provinces les plus peuplées, les plus riches et les mieux cultivées. C'était là une vue politique du gouvernement, qui exposait en même temps à leurs yeux les lieux où se fait le commerce le plus actif. Les impressions qu'ils en rapportèrent s'expliquent donc aisément, mais sans conclure en faveur de leur opinion. A ce compte-là il suffirait de prendre une lieue carrée d'une des parties les mieux cultivées et les plus populeuses de l'Europe, pour évaluer d'après cette donnée la population de l'Europe entière et juger de sa culture. J'ajouterai que je sais, par des témoins oculaires, que les lieux élevés des environs des principales villes demeurent en friche, tandis que l'on ne cultive que les bas-fonds, qui peuvent être aisément inondés; condition indispensable à la culture du riz.

Les instruments d'agriculture en usage, consistent en une charrue grossière qui creuse de profonds sillons, et à laquelle on attelle des buffles, et en une pioche dont ils font usage dans les endroits où le terrain est trop mouvant. Il est tel endroit où les buffles traînent la charrue et où cependant il serait impossible à un cheval et même à un bœuf de passer. Lorsqu'un endroit ne peut pas être inondé directement par la rivière ou le canal voisin, on a recours aux pompes à chaînes, que deux hommes font mouvoir en marchant sur des échelons adaptés à une roue qui communique le mouvement à la pompe au moyen d'un levier. Quand il y a plusieurs champs attenants et à différents niveaux, c'est par ce moyen que l'eau est transvasée d'un champ dans l'autre.

Ne connaissant que les environs de Canton et de Macao, je ne puis pas parler de la culture du riz dans les autres parties de la Chine; mais quant aux deux parties que j'ai visitées, je sais qu'on y transplante régulièrement et à la main chaque tige de riz, et que la moisson se fait deux fois dans l'année, en juillet et en octobre. Le prix du riz varie des trois quarts d'une piastre, à trois piastres le pékul. Mais lorsqu'il atteint cette limite extrême, la famine ne tarde pas à se déclarer et produit toujours une très grande mortalité; c'est dans ces affreuses extrémités que l'on voit des parents vendre leurs enfants pour quelques livres de riz!

Pour avoir une idée du point de perfection auquel sont parvenus les Chinois dans l'art de cultiver les légumes et les fruits, ainsi que dans celui de décorer les jardins, il suffit d'avoir été à Wampoa, où les pentes rapides des coteaux qui ceignent les îles Danoise et Française sont couvertes de jardins, depuis leurs pieds jusqu'à leurs sommets. La peine qu'exige l'entretien de ces jardins, que l'on a l'habitude d'arroser deux fois par jour, est extrême, et donne une idée de l'active industrie des habitants.

Toutes les terres appartiennent à l'empereur, qui en cède la possession, suivant son bon plaisir, à des particuliers qui lui paient une redevance. Si la redevance est inexactement acquittée, le tenancier est puni et la terre lui est enlevée. A son tour ce propriétaire afferme ses terres pour une année, et le contrat se renouvelle ainsi annuellement. Les revenus se perçoivent en nature, c'est-à-dire en bestiaux, porcs, oiseaux de basse-cour, riz, etc. Si la récolte vient à manquer, on n'use guère de rigueur envers les fermiers, qui s'arrangent avec le propriétaire pour ne fournir qu'une partie de la redevance due.

Il est hors de doute que les Chinois ont perfectionné certains arts, mais ça n'a point été chez eux le résultat d'un esprit de méthode; jamais ils ne se sont livrés à des recherches raisonnées pour atteindre un plus grand degré de perfection; s'ils ont fait des progrès sous de certains rapports, c'est à force de patience et par l'expérience des siècles. Pour pouvoir briser les liens qui les attachent encore aux préjugés de leurs ancêtres, il faudrait que les lumières de la science, fruit d'une civilisation plus avancée, pénétrassent jusqu'à eux. Je citerai comme exemple la supériorité incontestable de leurs teintures sur étoffes, tant sous le rapport de l'éclat que de la solidité des couleurs. Eh bien! les procédés qu'ils emploient, et que j'ai vu mettre en pratique sous mes yeux, sont les plus simples, et les ingrédients les mêmes que l'on emploie en Angleterre. Comme d'ailleurs ils n'ont presque aucune idée de l'emploi des agents chimiques, j'en conclurai que la supériorité de leurs teintures a été acquise à force de tâtonnements. Je prouverai plus tard qu'elle provient aussi du climat.

Les Chinois savent pourtant préparer certaines substances, telles que le cinabre et quelques préparations mercurielles. Des gens du pays m'ont assuré qu'ils savaient aussi extraire plusieurs remèdes des minéraux, et il est de fait que les médecins en Chine ont l'habitude de demander au malade s'il désire être traité par les minéraux ou par les végétaux; les premiers de ces deux espèces de médicaments étant plus chers.

Comme la main-d'œuvre est à très bas prix, ils emploient un si grand nombre de bras à la préparation de la soie, qu'ils l'étendent déjà pour la faire sécher dès le mois de septembre ou d'octobre, alors que le pack-fung (vent du Nord) commence à souffler. Un espace de temps aussi court eût sans doute été insuffisant dans nos climats, et j'en conclus que le vif éclat des couleurs peut aussi provenir de causes inhérentes à ce climat, dont l'influence est si puissante. C'est avant que le pack-fung ait cessé de souffler que l'on teint les étoffes destinées à recevoir des couleurs éclatantes. Ce vent est d'une sécheresse telle que, s'il vient à s'élever durant la nuit, sa présence ne tarde pas à se faire sentir dans les appartements les mieux fermés. On entend alors les meubles et les planchers même se fendre et éclater avec un bruit semblable aux détonations d'armes à feu. L'emballage des soies et du thé ne se fait jamais lorsque le temps est humide, à moins que ce ne soit pour satisfaire aux exigences des commerçants étrangers qui peuvent être pressés d'expédier leurs navires. J'ai vu moi-même des bâtiments demeurer trois semaines à Canton, contre la volonté du propriétaire et du capitaine, et cela pour attendre que le négociant chinois, répondant, se fût décidé à emballer la soie qui devait composer le chargement, ce qu'il différait à cause de l'humidité de l'atmosphère.

Ceci nous fournit encore une raison de plus du brillant de leurs couleurs; en effet les Chinois assurent qu'en emballant immédiatement la soie qui vient d'être teinte, ou bien encore par un temps humide, les couleurs perdent de leur éclat, et qu'il peut même en résulter des taches. Ajoutons enfin, pour terminer ce que nous avons à dire sur ce sujet, que s'il est permis d'attribuer aux Chinois des procédés particuliers pour filer et tisser la soie, nous n'avons pourtant rien de certain à ce sujet; mais quant à leurs procédés en teinture, ils sont certainement les mêmes que les nôtres.

CHAPITRE V.

Remarques sur le caractère des Chinois. — Chronologie. — Orgueil national. — Lois insuffisantes. — Corruption dans le gouvernement. — Sort des paysans. — Mendiants. — Usages et suites de l'opium. — Connaissances médicales.

J'ai déjà fait observer que l'on était souvent tombé dans l'erreur en attribuant aux Chinois plusieurs qualités qu'ils n'ont pas; s'il s'agissait de louer leur tempérance et l'activité de leur industrie, je me hâterais d'y donner mon assentiment, mais sous le rapport de leurs connaissances, de leur religion, des établissements d'utilité publique, des progrès moraux et de l'amélioration des coutumes, ceux qui en ont fait l'éloge se sont grandement trompés. Ils ont peut-être un certain degré de supériorité sur les Turcs dans les arts industriels, mais l'état de la civilisation est également arriéré chez ces deux peuples, comme il l'est au reste chez tous les Asiatiques. Parmi les défauts que l'on peut justement reprocher aux Chinois, il faut compter la méfiance, la jalousie et l'envie; mais on doit en attribuer principalement la cause au gouvernement, qui non-seulement ne fait rien pour répandre quelques principes d'éducation parmi la jeunesse, mais, au contraire, fait tout pour lui apprendre à se tenir en garde contre son avidité. La moralité publique est donc dans le plus fâcheux état, et cependant j'ai quelquefois été témoin de traits d'attachement et de conduite délicate qui pourraient servir de modèle à bien des Européens.

La chronologie chinoise, qui remonte à cinquante siècles avant notre ère, est sans doute fabuleuse en grande partie; il est hors de doute que si jamais les Européens parviennent à se procurer les monuments historiques de ce peuple, l'examen qu'on en fera diminuera de plusieurs siècles l'ancienneté dont ils tirent tant d'orgueil. Voilà donc un rapport sous lequel les Chinois sont encore bien éloignés des Européens, et pourtant leur vanité est telle que rien au monde ne saurait leur persuader qu'il peut y avoir mieux que chez eux dans d'autres pays; aussi qualifient-ils tous les étrangers de *fan-quay*, ce qui signifie *diables étrangers*, en y ajoutant qu'ils leur arrivent *des extrémités fangeuses de l'univers.*

Morisson observe judicieusement, dans son excellent ouvrage, que le gouvernement chinois emploie tous les moyens qui sont en son pouvoir pour faire accroire au peuple que toutes ses mesures sont dictées par l'amour du bien public; «l'expérience, ajoute-t-il, a démontré à ce gouvernement combien il lui était profitable de remplir ses décrets de spéculations métaphysiques, qui font prendre le change au peuple sur ses véritables intentions.» Pour ma part, je doute qu'il y ait jamais eu d'administration plus attachée à répandre de grossiers mensonges pour justifier l'absurdité de ses actes.

Ce que les *prôneurs* ont surnommé le *Code d'or* est un assemblage de lois tellement dures et cruelles qu'elles ne sont point appliquées, et qu'on s'en sert uniquement comme d'un épouvantail pour couvrir les injustices de toutes espèces des agents de l'autorité; aussi l'empereur émet-il de temps en temps des manifestes composés de métaphores emphatiques (16), dans le but d'apaiser les justes plaintes de la nation.

Les dignitaires ou mandarins de l'empire étaient autrefois choisis parmi les hommes les plus probes des provinces, où l'on envoyait de temps en temps quelques hauts dignitaires à cet effet; il leur était enjoint de donner toujours la préférence au mérite, quand même il ne serait pas uni à la fortune. Mais aujourd'hui cet état de choses n'est plus, et les fonctionnaires de l'État sortent en général de la classe des marchands que leur fortune a fait parvenir; d'autres fois encore ces places sont mises au concours, et c'est celui qui a rédigé la meilleure dissertation qui l'emporte. Hélas! il faut qu'elle soit tracée en lettres d'or pour que les aristarques chinois lui accordent la prééminence; c'est l'or en effet qui est la vraie pierre de touche de ce peuple.

Par rapport aux mœurs des paysans aux environs de Canton, que j'ai eu occasion d'observer, ils sont, quoique grossiers, bien plus honnêtes et moins effrontés à l'égard des étrangers que ceux qui habitent la ville, et qui sont d'autant plus inexcusables que, voyant continuellement des Européens, ils devraient y être habitués.

La classe pauvre de la ville et des environs vit dans l'état le plus misérable, et infiniment inférieure en bien-être à une autre portion du peuple qui habite constamment dans des sampanes, sur l'eau; le nombre des individus qui passent ainsi leur vie à Canton est considérable, et s'élève certainement de 60 à 80,000 âmes ([17]). Cette classe jouit comparativement de plus d'aisance, et respirant un air plus pur, elle est d'une meilleure santé que celle qui vit à terre; mais aussi cette dernière jouit en revanche de plus de considération. Ces sampanes sont bien tenues et recouvertes pour qu'on y soit à l'abri du soleil et du mauvais temps; des femmes en lavent journellement le pont, et l'intérieur en est peint et sculpté. Vers l'une des extrémités est une espèce de chapelle où se trouvent les dieux pénates, et de l'autre côté sont la cuisine et les dépendances; en un mot, c'est là une habitation tranquille et commode. Les maisons sur le rivage, et qui sont construites en briques, présentent un tout autre aspect; elles sont basses, obscures, et la population qui y est entassée se nourrit des aliments les plus grossiers et présente le tableau de la misère et de la malpropreté la plus repoussante. Je n'ai pourtant point l'intention de soutenir que les habitations sur l'eau soient d'une propreté recherchée, mais il est certain qu'elles sont bien mieux tenues que les autres.

On se sert à Canton d'un procédé particulier pour la clarification de l'eau, et le besoin s'en fait sentir puissamment, attendu que l'eau de la rivière est extrêmement trouble; les Européens vont puiser l'eau dont ils se servent vers le haut de la rivière, ou bien ils la font prendre aux sources. Les gens du pays opèrent la clarification par le procédé suivant : ils remplissent à moitié de sable un vase en argile percé à sa base, où se trouve adapté un tube en bambou; ce vase est ensuite rempli d'eau, puis fermé par une lourde pierre. L'eau s'écoule ensuite doucement par le tube inférieur et sort parfaitement limpide.

Le climat de Canton devient malsain en automne, surtout dans les lieux bas et humides. C'est avec la mousson d'est qu'arrivent les fièvres malignes et intermittentes; une maladie contagieuse, connue sous le nom de fièvre des prisons, s'y est déclarée deux fois durant mon séjour. Ce fléau n'atteignait généralement que la classe pauvre, où il fit un grand nombre de victimes; mais il frappait rarement les personnes en état de se garantir contre le froid et l'humidité. Le malade mourait communément en vingt-quatre ou trente-six heures, mais s'il ne succombait pas dans cet espace de temps, il y avait chance de guérison en suivant un régime analogue, pourvu qu'il lui restât encore des forces suffisantes. Le traitement qui a été couronné de plus de succès consistait à administrer d'abord du calomel avec de l'opium, et puis ensuite, et pendant la durée même de l'accès, de l'opium avec du quinquina. La fièvre se trouvait coupée souvent après quelques doses de ces médicaments, mais la faiblesse qui suivait les paroxismes était telle que plusieurs malades, auxquels je m'intéressais, auraient sûrement péri sans les aliments nutritifs que je leur envoyais.

Il est une sorte de remèdes pour lesquels les Chinois ont la plus grande répugnance ; ce sont les purgatifs, et surtout les purgatifs violents. La constitution physique de la haute classe, et même de la classe moyenne, est généralement faible ; les individus qui les composent ont pour la plupart les poumons et l'estomac affectés, ce qui provient, je crois, du climat et de l'usage constant de boissons chaudes. De tous les fléaux, celui qui a sévi avec le plus de force en Chine, c'est la petite vérole ; mais grâce aux soins du docteur Pearson, premier médecin de la factorerie britannique, la vaccine a été introduite dans le pays, et de mon temps un grand nombre de Chinois la mettaient déjà en pratique.

Un autre fléau, non moins terrible, dont l'Amérique a doté autrefois l'Europe, exerce aussi ses ravages en Chine. Lorsque ce mal se réunit à l'éléphantiasis, maladie qui y est aussi fort commune, il ne reste plus aucun espoir de guérison. Cette espèce de lèpre est vraiment affreuse par les effets qu'elle produit : la paralysie des pieds et des mains, la perte du goût, de l'odorat et de l'ouïe, atteignent le malade, tandis que ses chairs se gonflent et que sa peau se soulève en laissant échapper des humeurs mélangées de sang; l'aspect en est hideux au-delà de toute expression. La frayeur que cette maladie occasionne est telle que, dès l'instant qu'un individu en est atteint, on le sépare de sa famille, et il est condamné à habiter des sampanes placées dans un endroit déterminé, où ces malheureux végètent dans l'abandon. Lorsque ce fléau atteint un homme riche, il fait en sorte de le cacher à ses voisins en vivant complétement retiré, et en achetant le silence du mandarin de l'arrondissement. Mais si la cause de sa retraite est découverte, ses héritiers ne manquent pas de le faire reléguer et déposséder de ses biens.

On a attribué les nombreux cas de cécité, que l'on remarque en Chine, à l'habitude qu'ont les

Chinois de manger le riz chaud dans des écuelles qu'ils tiennent tout près de leur visage, en se servant de baguettes en guise de fourchettes (18). Je ne saurais partager cette opinion, qui attribuerait une qualité malfaisante à la vapeur qui s'échappe de cet aliment ; on a dit aussi que c'était comme agissant intérieurement que le riz produisait un effet aussi funeste ; je ne le crois pas non plus, mais je pense que la cécité résulte des effets mêmes du climat. Les Chinois m'ont assuré que beaucoup d'enfants de la classe du peuple naissaient aveugles. Il est certain que ce pays renferme beaucoup plus d'êtres difformes que quelque autre contrée que ce soit ; et cela provient sans doute de ce que les femmes y sont condamnées à l'inactivité la plus complète, par l'habitude où l'on est de déformer leurs pieds dès l'enfance. Aussi les femmes de l'intérieur de l'empire, et c'est la majeure partie, sont-elles d'une constitution faible, tandis que celles des sampanes, qui n'ont point subi cette espèce de mutilation, paraissaient d'une complexion plus forte. Le défaut d'exercice produit aussi cet effet sur certaines classes d'hommes, tels que les marchands et les artisans; aussi sont-ils sujets à beaucoup de maladies chroniques ; ajoutons cependant qu'elles proviennent bien souvent d'excès ainsi que de l'usage de l'opium.

La manière de fumer l'opium est particulière. A cet effet on a de l'opium préparé exprès sous forme d'extrait, et chaque fois qu'il s'agit d'en fumer, la dose est exactement pesée et puis versée dans une petite pipe à long tuyau dont l'orifice est extrêmement étroit. Le premier effet qu'il produit est d'exciter les passions, après quoi succède une sorte de léthargie ou d'ivresse pendant laquelle le fumeur est agité de rêves semblables au délire des fiévreux. Les Chinois assurent que les objets les plus enchanteurs fascinent alors leurs sens, et il faut vraiment qu'il en soit ainsi, puisqu'ils conviennent eux-mêmes que ces jouissances s'achètent au prix de leur vie. J'ai été dans le cas de tenter la guérison de ce penchant funeste sur deux Chinois de ma connaissance, qui, à dire vrai, n'étaient pas des fumeurs endurcis. Je commençais premièrement par administrer du laudanum en dose égale à l'opium destiné à être fumé, et cela au moment où le besoin de fumer commençait à se faire sentir. Il en résultait un sommeil profond après lequel le malade devait prendre une nourriture substantielle et un peu de madère. Les effets du laudanum étaient moins forts que ceux de l'opium, et le but que je me proposais en l'administrant fréquemment et diminuant à chaque fois la dose, était de déshabituer peu à peu le malade de l'opium; et durant ce temps il continuait à fumer, mais seulement du tabac. Cette méthode eut un plein succès, et tandis que le malade s'éloignait de plus en plus d'une habitude qui aurait occasionné sa perte, ses forces se remettaient par l'usage du laudanum, qui agissait comme fortifiant.

Il n'y a point de chirurgiens en Chine, de sorte que l'anatomie y est ignorée. Ayant eu l'occasion de causer, à l'aide d'un interprète, avec un des premiers médecins de Canton, je me convainquis qu'il avait les notions les plus bizarres, principalement sur la circulation du sang. Selon lui la circulation s'opérait inégalement des deux côtés du corps; « aussi, ajoutait-il, avons-nous l'excellente habitude de tâter le pouls du malade au bras gauche et au bras droit. » Il faut conclure de là que si les Chinois guérissent quelquefois de leurs maladies, ils en sont bien plus redevables au régime et aux efforts de la nature qu'à leurs médecins.

Nulle part les plaies ne se ferment aussi facilement; des fractures qui en Europe exigent l'amputation, se guérissent en Chine sans recourir à ce moyen extrême. J'en attribue la cause à la simplicité de la nourriture des gens du peuple, qui ne mangent généralement que du riz, des légumes, et plus rarement du poisson et de la viande, avec une petite quantité de leur boisson favorite, le *sam-tcheu*, dont ils usent avec modération. Ce que je viens de dire relativement à la guérison des blessures est confirmé par le fait suivant. Des couvreurs travaillaient à une maison attenante à la mienne, lorsque la charpente qui soutenait la toiture s'écroula en les entraînant dans sa chute. Le manque de chirurgien fit que je fus appelé pour panser les blessés, qui avaient diverses blessures plus ou moins graves à la tête. Après avoir lavé les plaies avec de la teinture d'opium, j'y appliquai de l'emplâtre d'Angleterre et ordonnai de n'y pas toucher jusqu'à ce que la suppuration se fût établie. Eh bien! une seule des blessures suppura, et cela, parce qu'étant à la nuque le malade ne consentit pas à ce qu'on rasât les bords de la plaie; toutes les autres se fermèrent à la suite du premier appareil. Je n'ai pas besoin d'ajouter que la réconnaissance de l'entrepreneur des travaux fut des plus vives, car sans moi les plaies se seraient sûrement envenimées, vu le manque total de tout secours.

CHAPITRE VI.

Canton. — Climat. — Rues. — Respect dû aux mandarins. — Cuisine chinoise. — Barques; mœurs des individus qui les habitent. — Petits-maîtres et gastronomes. — Éducation et coutumes des femmes. — Mal résultant de la pluralité. — Amusements. — Combats de cailles, de grillons. — Bateaux à fleurs. — Singulière coutume à la conclusion des marchés de thé. — Anecdote caractéristique.

Il fait excessivement chaud à Canton durant les mois d'été; le thermomètre y indique alors de 82 à 93 degrés ([19]); mais dans les environs de la ville l'air circulant plus librement, la chaleur est bien moins intense. Alors il convient de se garantir de l'ardeur du soleil et de soigner son régime, sans quoi on risquerait de prendre des fièvres bilieuses, qui cependant ne dégénèrent que rarement en fièvres chaudes. Bien qu'il ne gèle pas souvent en hiver, il faut pourtant chauffer les appartements dès que la mousson du nord commence à souffler, c'est-à-dire du mois de novembre au mois de mars. Durant les sept années que j'ai passées à Canton, je n'y ai vu de la glace qu'une seule fois, et encore l'avait-on obtenue en exposant sur les toits une légère couche d'eau versée dans une assiette. La pluie est aussi rare en hiver, mais il règne alors des brouillards épais, et si le vent souffle de l'est, le ciel lui-même se couvre de nuages. On peut dire généralement que le climat de Canton convient aux personnes qui ne redoutent pas la chaleur, pourvu toutefois qu'elles prennent la précaution de se couvrir lorsque l'humidité se fait sentir.

La plupart des rues de la ville sont étroites, car elles ne servent qu'aux piétons; les chevaux ne s'y montrent qu'à la suite des mandarins de haut grade. Lorsque ces dignitaires sortent, tous ceux qui suivent la même route s'arrêtent et se rangent pendant que le mandarin s'avance, porté suivant son rang par quatre ou douze hommes, dans une chaise à porteurs, couverte et à glace. Au-devant se précipitent des coureurs armés de fouets dont ils frappent impitoyablement les malheureux passants, tandis que d'autres font retentir l'air de cris qui les feraient prendre pour une meute de chiens. Cependant les tamtams et les cymbales résonnent au loin pour annoncer au peuple que son excellence honore la ville de sa présence. Plus le mandarin est élevé en grade, et plus ceux de sa suite donnent carrière à leur insolence par le vacarme et le désordre qu'ils commettent, et qu'ils poussent souvent au point de s'approprier les denrées que les marchands vendent dans les rues.

Au nombre des qualités qu'ont les Chinois, il faut compter des habitudes d'économie bien entendue, même dans les hautes classes, chez lesquelles on voit régner le faste et l'opulence sans que leur fortune en souffre. Cette louable habitude est tellement dans le caractère national que le goût même de la bonne chère, qui est excessif en Chine, ne les fait point sortir de leur penchant à l'économie. Le chef fameux du hong, Puhan-Kai-Qua, dont j'ai déjà eu occasion de parler, en fut un exemple; car, malgré les grandes richesses qu'il avait amassées et les repas splendides qu'il se plaisait à donner, l'ordre et l'économie régnaient dans son intérieur. A ce sujet je citerai un trait de ce personnage qui donnera l'idée de la valeur du temps en Chine. Puhan-Kai Qua me raconta donc que lorsqu'il devait sortir de bonne heure pour affaires, son déjeuner avait lieu à bord du bateau sur lequel il traversait la rivière, et son dîner de même lorsqu'il revenait vers le soir, de sorte qu'il n'y avait point de temps perdu, et qu'à peine arrivé il était tout entier à ses agents d'affaires et pouvait effectuer ses paiements le soir même de son retour. Les repas que ce richard faisait ainsi ne montaient pas à plus d'une piastre! Puhan-Kai-Qua avait amassé de grandes richesses dans le commerce, lorsque l'empereur jeta les yeux sur lui comme sur un homme capable de soutenir la compagnie du hong. Il s'acquitta en effet très bien de cette direction, et mourut lors de mon dernier voyage en Chine, en 1820. Son caractère était un mélange de ruse et de finesse, jointes à une grande capacité et à une instruction vraiment extraordinaire dans un pays où l'état des connaissances est si borné ([20]). Mais revenons aux usages des Chinois.

L'art de préparer les aliments et d'opérer la cuisson avec économie est poussé à un grand degré de perfection en Chine. On y emploie à cet usage des poêles en argile construits de telle sorte que toute la chaleur se concentre dans la marmite. La nécessité de ménager le combustible est du reste d'une grande importance dans une contrée où la houille est de mauvaise qualité et brûle à peine, et où le bois est excessivement cher, de 3 à 7 maces le *pékul.* Le charbon de bois se vend de 5 à 7 maces le *pékul.* Le chauffage est donc cher, surtout pour les classes pauvres, et pourtant le climat ne permet pas de s'en passer.

J'ai plusieurs fois été témoin de la promptitude avec laquelle les habitants des sampanes enlevaient une partiedu pont pour pouvoir cuire leur riz et quelque plat de poisson ou de viande, en faisant du feu dans l'intérieur du bateau; toutes ces opérations n'exigeaient que de vingt à trente minutes, et s'effectuaient avec beaucoup de propreté. Ce qu'il y a de remarquable dans leurs habitudes, c'est qu'ils appliquent parfois une propreté recherchée à des objets qui exciteraient en nous le dégoût, tels que les chiens, les chats, les grenouilles et les souris, dont ils préparent des mets qu'ils savourent avec délices. Le riz se lave dans douze eaux différentes avant d'être livré à la cuisson.

Ce qui distingue les habitants des terres de ceux qui vivent sur l'eau dans les sampanes, c'est qu'ils sont en général plus affectés dans leurs manières, moins gais, plus avides d'argent, et surtout bien plus pauvres qu'eux. J'ai deux remarques à signaler ici : la première est que le bien-être des habitants des sampanes, aux environs de Canton, s'est beaucoup amélioré dans le cours des vingt dernières années, et la seconde que les bateliers de Canton dépensent légèrement tout l'argent qu'ils gagnent pour se mettre à l'abri des exactions continuelles des mandarins.

Ce que j'ai dit de l'aménité naturelle au caractère des Chinois m'a été confirmé par l'expérience; en effet, après avoir fait un premier voyage en Chine en 1798, y avoir passé sept années en 1803 et y être enfin retourné une troisième fois en 1820, j'ai dû, certes, me trouver en état de vérifier la justesse de mes observations. Voici donc ce que je remarquai au sujet du trait caractéristique de leur nature. Pendant mes longues absences, plusieurs petits compradors qui remplissaient des fonctions de domesticité chez leurs confrères s'étaient enrichis à leur tour au point d'établir de riches magasins; eh bien! loin de rougir à mes yeux de l'état dans lequel je les avais connus autrefois, ils se hâtèrent à mon retour à Macao de me faire complimenter sur mon arrivée, en m'envoyant de petits présents en thé, fruits confits, etc.; et cependant ils n'avaient absolument rien à attendre de moi. Je me plais à signaler ces traits qui contrastent tant avec le caractère vénal des agents de l'autorité.

Des personnes qui n'avaient sur la Chine que des notions superficielles ont avancé qu'il n'existait dans ce pays ni petits-maîtres, ni gastronomes, ce qui est de leur part une erreur complète; car il n'y a pas de contrée où ces sortes d'individus soient aussi nombreux, en le cédant pourtant aux élégants d'Europe. Néanmoins la recherche d'un *dandy* chinois est extrême dans sa mise. Ses vêtements consistent en crêpes et en soieries de grand prix ; ses pieds sont chaussés de bottes à hauts talons, du plus beau satin de Nankin, et ses jambes enfermées dans des guêtres à genouillères richement brodées. Ajoutez à cela un bonnet à gland dans le dernier goût, une pipe élégante richement ornée où brûle le tabac le plus pur du *Fo-kien*, une montre anglaise, un cure-dents suspendu à un bouton par un fil de perles, l'éventail en nankin exhalant le parfum de la *tcholane* ([21]), et vous aurez une idée exacte d'un fashionable chinois. Si, lorsqu'il sort en chaise élégamment décorée, dont les porteurs sont habillés de soie, une connaissance s'offre à sa vue, la physionomie du merveilleux exprime aussitôt ce qu'une politesse étudiée a de plus affecté, et s'il lui adresse la parole, c'est en ayant grand soin d'appuyer sur les termes de la politesse la plus exagérée; c'est même en ceci que consiste l'art de la conversation en Chine. Mais si la mise d'un Chinois peut être aussi recherchée quant à l'extérieur, il est plus rare, au contraire, que la propreté s'allie chez eux à l'élégance. Beaucoup d'individus riches ne changent pas de linge durant des semaines entières, et en général il est extraordinaire qu'un peuple habitant un climat aussi chaud n'ait pas contracté plus d'habitudes de propreté.

Après avoir parlé de l'esprit vénal des Chinois et rendu justice à leurs bonnes qualités, nous devons encore ajouter pour être exacts que, sous le rapport des mœurs, le dévergondage est poussé en Chine à un excès incroyable. Non-seulement ils ont un goût prononcé pour tout ce qui peut enflammer leurs sens, mais j'ai assisté moi-même à des représentations théâtrales telles qu'il me serait impossible d'en essayer la plus légère description. Cependant des femmes y assistaient et en paraissaient même satisfaites;

on peut juger d'après cela à quel point le manque des notions les plus élémentaires de moralité leur manquent; en Europe les femmes de la dernière classe auraient détourné leurs yeux d'un spectacle semblable. Lorsque les femmes vont au théâtre, elles occupent des places particulières, tout près de la scène, et séparées des autres par un rideau; mais comme elles ont l'habitude de s'asseoir toujours en avant, il est facile de les voir et de juger ce qu'elles éprouvent par le jeu de leur physionomie. Il est rare que ces femmes apprennent à lire et à écrire, et leurs occupations se bornent aux ouvrages d'aiguille et à une soi-disant musique: ne pouvant donc occuper leur esprit, elles passent le temps à jouer aux cartes ou aux dominos, tandis que la pipe demeure constamment à leur bouche.

Chez les Chinois de la haute classe il n'y a jamais de réunions où les hommes et les femmes soient mélangés, et quant aux repas, ils tiennent généralement à déshonneur de dîner avec leurs femmes, qui occupent toujours une partie séparée dans la maison. Je dis leurs femmes, car la polygamie y étant en usage, chaque Chinois en a un certain nombre, ce qui du reste porte un grand préjudice à la moralité publique. J'ai souvent entendu parler d'intrigues entre des fils et leurs jeunes belles-mères qui provenaient de ce que des vieillards, ayant des fils en âge d'être mariés, se mariaient eux-mêmes à de jeunes filles sans songer aux résultats possibles de cette inconséquence.

Je dînai une fois chez un riche négociant chinois qui nous fit représenter une pièce dont le sujet roulait sur la tyrannie d'un mari envers ses femmes. La représentation terminée, nous demandâmes à notre hôte de nous faire jouer une pièce où ce seraient les maris qui auraient à souffrir de leurs femmes; il se rendit à notre désir, et deux ou trois pièces semblables furent aussitôt représentées. Cela égaya beaucoup les convives, et surtout les femmes, qui, contre l'usage général, assistaient au repas; des plaisanteries furent échangées; enfin la gaîté était devenue générale quand le maître de la maison, qui était un homme marié, s'étant aperçu de l'effet produit, changea de visage et défendit même de prolonger le spectacle. On peut conclure de ce fait que, malgré l'autorité absolue des maris dans ce pays, leurs femmes trouvent quelquefois le moyen de secouer le joug, et j'ai appris en effet que c'était toujours celle des femmes que le mari affection nait le plus qui le gouvernait à son gré. Quoi qu'il en soit, il est certain que la vie intérieure des Chinois n'est guère heureuse, et comment le serait-elle, là où les affections du cœur sont inconnues! Ce qui occupe leurs loisirs, dans les intervalles que laissent les affaires, ce sont les théâtres, les réunions sur l'eau, les maisons de jeu et enfin les combats de cailles. Disons en quoi consistent ces divers amusements.

La passion du jeu est extrême en Chine, et malgré les mesures sévères du vice-roi de Canton qui fit fermer les maisons de jeu, les jeux de hasard n'en continuèrent pas moins. En outre des cartes et des dés, ils jouent encore à une sorte de jeu de balle que l'on renvoie avec les pieds, et au jeu de quilles où ils excellent particulièrement. Les combats de cailles et de grillons sont des divertissements favoris; voici comment ils s'y prennent pour forcer deux grillons à en venir aux prises (22). On place d'abord les deux insectes au fond d'une cuvette en terre de 6 à 7 pouces de diamètre, puis chacun des parieurs irrite son combattant en le piquant avec une plume, ce qui les fait courir avec vélocité, de sorte qu'ils s'entrechoquent et se renversent à tout moment. Après quelques rencontres, le courroux des deux adversaires éclate ; ils en viennent aux prises, et plus d'un membre couvre le champ de bataille avant que la victoire ait prononcé, dans cette lutte acharnée. C'est là le plaisir du peuple ; quant au combat de cailles il appartient a la haute classe. Le soin que l'on se donne pour préparer une caille au combat est extrême. Longtemps d'avance un homme en est spécialement chargé, et il porte l'oiseau sur lui dans un sac suspendu à sa ceinture. Si le pauvre prisonnier a besoin d'air ou de nourriture, son gouverneur l'enlève avec soin et le tient entre ses mains durant des heures entières sans jamais se lasser ; ses soins peuvent se comparer à ceux d'une tendre mère. Lorsqu'il s'agit de faire entrer deux cailles en lice, une table entourée d'une grille est disposée à cet effet, des grains de millet sont répandus sur la table où l'on place les deux oiseaux l'un vis-à-vis de l'autre ; enfin les parieurs et le public se placent à l'entour. Si les combattants sont braves, à peine l'un d'eux a-t-il touché au millet que l'autre l'attaque ; le combat se prolonge alors de deux à cinq minutes, jusqu'à ce que l'oiseau vaincu ait été obligé de prendre son vol. C'est là l'amusement auquel les riches Chinois consacrent une partie de leur matinée ; aussi ont-ils toujours un certain nombre de ces oiseaux en réserve, et les paris qui se tiennent en pareil cas sont considérables ; mais ce qui forme le principal intérêt dans ce divertissement est l'arrangement des paris. S'il arrive qu'un oiseau, célèbre par maintes prouesses, ait été vaincu par un jeune adversaire, l'ardeur des joueurs augmente et les paris sont doublés. Quand on songe à la nullité de ce passe-temps, qui cependant nécessite de fortes dépenses, ainsi qu'au temps employé à élever les oiseaux, on ne peut expliquer le singulier goût des Chinois que par leur passion pour toute espèce de jeu, comme aussi par l'indolence de leur caractère.

Les riches passent encore une partie de leur temps sur les *bateaux à fleurs*, nom qui leur vient de fleurs sculptées à l'entour des portes et des fenêtres de ces bateaux qui sont élégamment peints en couleur verte entremêlée de dorures. Ces bateaux sont partagés en trois parties : celle du côté de la poupe est bien meublée de divans, avec des rideaux aux fenêtres ; la partie du milieu est à trois marches plus bas et contient un salon à double jour dont les croisées sont garnies de persiennes contre l'ardeur du soleil ; enfin la troisième partie est élevée sur celle du centre comme la première; on y trouve la cuisine, les dépendances et le logement du patron, avec quelques chambres à coucher; tout auprès est une galerie ouverte où les femmes qui appartiennent à ces bateaux passent leur temps jusqu'à l'arrivée du monde, qui s'y réunit vers les six heures du soir. Les convives rassemblés, ils font d'abord leur choix parmi les beautés de ce sérail, puis l'on se met à table; la chair est excellente; enfin des cartes sont distribuées, et les heures s'écoulent ainsi jusqu'au lendemain matin. Les femmes de ces bateaux sont remarquables par une éducation assez soignée. Pour établir un bateau semblable il faut une permission du mandarin chargé spécialement de cette partie. Ces embarcations sont amarrées parallèlement les unes auprès des autres dans un lieu séparé, et étagées en raison de leur grandeur et de la dépense qui s'y fait; de sorte que les personnes de toutes les classes voient au premier aspect le lieu où il leur convient de se divertir. Quant aux Européens, il leur est sévèrement défendu d'y aller, sous peine de la bastonnade et d'une amende de plusieurs milliers de piastres. Un Chinois m'a assuré qu'il s'y dépensait journellement à Canton de 40 à 60,000 piastres (216,000 à 324,000 francs).

Un négociant du hong m'a appris qu'il était d'usage, à la conclusion des marchés de thé, d'offrir aux acheteurs un repas sur un de ces bateaux. Plus ce repas est somptueux et plus les conditions du marché deviennent avantageuses, d'où il résulte qu'il est de l'intérêt du vendeur de bien traiter ses convives. Si le marché se faisait par l'entremise d'un homme d'affaires, ce dernier devrait aussi se conformer à l'usage établi, seulement il lui serait permis de le faire plus économiquement. Puisque j'ai cité un négociant du hong, je vais ajouter une anecdote qui me fut rapportée par l'un d'eux, et qui montrera jusqu'à quel point les malversations sont communes en Chine.

Deux négociants du hong, peu rangés dans leur conduite, avaient contracté d'assez forts engagements envers la factorerie anglaise. Le président du comité obtint alors qu'il leur serait avancé une forte somme afin de les mettre à même de conclure des marchés de thé qui devaient les aider ensuite à se libérer de leurs dettes; mais pour assurer une garantie au but qu'il se proposait, les négociants du hong furent invités à choisir un fondé de pouvoirs qui dirigerait les affaires des deux négociants. Cette belle et généreuse conduite du président indisposa tout le hong contre les deux malheureux négociants, et voulant les perdre, ils feignirent cependant d'approuver les vues du président et choisirent même le fondé de pouvoirs, qui commença à s'occuper de sa commission, mais malheureusement, sans avoir été prévenu qu'il fallait à cet effet une permission du hoppo. Bientôt ce manque de forme étant parvenu à la connaissance de l'autorité, le chargé de pouvoirs et les deux négociants furent arrêtés, et l'argent avancé par la factorerie confisqué. Vainement le président employa tous ses efforts à faire entendre aux autorités que si la permission n'avait pas été demandée, c'était uniquement par ignorance de la loi; il ne put rien obtenir, et un ordre de Pékin exila bientôt les trois coupables à Ily, sur la frontière russe. L'un de ces deux derniers mourut bientôt de chagrin, l'autre partit pour le lieu de l'exil, et quant au fondé de pouvoirs, après avoir été traîné de prisons en prisons, on n'accorda son élargissement que moyennant 7,000 piastres (37,800 fr.), que ses amis lui avancèrent.

CHAPITRE VII.

Coutumes des Chinois. — Le thé comme boisson. — Usage répandu de la pipe. — Habillement. — Amusements domestiques. — Comédiens. — Ballets. — Sauteurs. — Coutumes et cérémonies des dîners. — Le jeu *A qui boira le plus*. — OEufs d'oiseaux. — Art culinaire.

Le Chinois de bon ton se lève à onze heures. Son déjeuner se compose de divers ragoûts, de viande, de poisson et de légumes servis dans une douzaine de soucoupes, avec une tasse ou deux du nectar chinois le sioü-hen-tsou, qui se prend toujours chaud. Cette boisson, légèrement acidulée, se distille du maïs; elle a un goût assez agréable, produit rarement l'ivresse, et ajoute même à la vigueur du corps. Ce repas se termine par un plat de riz qui se mange habituellement avec du poisson salé. Vient ensuite le thé préparé comme à l'ordinaire, en versant de l'eau bouillante sur ses feuilles. On le présente ensuite dans de grandes tasses à couvercles, et les Chinois le boivent ainsi sans sucre ni crème. Les gens à leur aise prennent toujours le thé de cette manière, en commençant à le boire avant qu'il ait eu le temps de bien infuser, et en ajoutant de la nouvelle eau jusqu'à ce que tout son arôme soit évaporé.

Le thé est la boisson ordinaire de toutes les classes de la nation, et les Chinois le boivent toujours chaud, comme nous venons de le dire, quelle que soit la chaleur de la saison. Les artisans et les manœuvres, qui ne peuvent boire le thé infusé sur les feuilles comme les gens à leur aise, le font cuire dans de grands coquemars en étain enchâssé dans des boîtes en bois dont les parois sont garnies extérieurement de coton pour conserver à l'eau sa chaleur aussi longtemps que possible. L'habitude qu'ils ont de le boire aussi chaud que possible, est une des principales causes de la faiblesse de leur estomac et de leurs nerfs, dont ils souffrent généralement beaucoup.

A deux heures de l'après-midi, on sert une collation composée des fruits de la saison, après laquelle on prend encore le thé. Ordinairement dans les bonnes maisons le dîner se sert à six heures du soir, et si c'est un dîner prié, il doit être accompagné de musique vocale et instrumentale, ou bien de quelque spectacle. Ces repas ne finissent que vers les trois heures du matin. Chez les personnes moins huppées on se sépare à minuit.

Les Chinois aiment tellement à fumer le tabac qu'ils fument même quelquefois à table, entre les services. Chaque personne amène avec soi un ou deux valets de pipe. Cette fonction est remplie par des jeunes gens de seize à dix-sept ans élégamment mis; ils placent la pipe dans la bouche de leurs maîtres, et comme ils connaissent les moments où ils ont l'habitude de fumer, ils leur présentent la pipe sans qu'elle soit demandée.

Les Chinois riches s'habillent en étoffes de soie et en crêpe pendant la belle saison, et en drap anglais doublé de peaux de castors ou d'autres fourrures de prix pendant l'hiver.

Quand il est question d'un dîner d'apparat, celui qui le donne envoie quelques jours d'avance ses invitations écrites sur de grandes feuilles de papier rouge, et rédigées dans le style le plus prétentieux. On loue une troupe des meilleurs acteurs pour divertir les convives, ce qui revient à 80 ou 120 piastres (432 à 648 fr.), pour

x voyez la forme de cette invitation papier rouge dans l'ouvrage "La Chine Ouverte" par Old Nick, édition illustrée la soirée. Quant aux acteurs médiocres, on peut se les procurer pour 25 piastres (135 fr.). Mais dans ces sortes d'occasions, ce sont toujours les premiers acteurs que l'on choisit, à moins que l'hôte ne soit d'une avarice sordide. L'été il ne faut qu'un instant pour dresser un théâtre en bambous, dans un jardin, vis-à-vis de bosquets destinés à cet usage. Pendant l'hiver le spectacle a lieu dans le principal corps de logis que le maître de la maison habite lui-même. En face de la scène sont préparées, d'après le nombre de convives, plusieurs tables carrées à chacune desquelles peuvent s'asseoir de quatre à six personnes. Dans les maisons élégantes où tout est dans le bon genre, on ne place que deux ou trois convives à la même table. Le côté qui regarde la scène est toujours vide, afin que tout le monde puisse voir la représentation, et satisfaire ainsi en même temps sa vue, son palais et son ouïe. Ce dernier sens est certainement le plus mal partagé, car ce qu'ils nomment musique n'est qu'un assemblage de sons incohérents, tellement barbares qu'ils produisent l'effet le plus désagréable.

Quelques-unes de leurs comédies sont fort amusantes; mais quant aux ballets et aux pantomi-

7

mes, j'avoue que même après avoir longtemps séjourné en Chine, il m'a toujours été impossible de débrouiller les nombreuses énigmes qui font le nœud de l'intrigue.

Ils ne connaissent pas ces changements de scènes qui sont un des principaux charmes de nos pièces, où les acteurs exécutent tous les mouvements qui tiennent à l'action; chez les Chinois, au contraire, le jeu des acteurs ne participe nullement à ce qu'ils débitent; il faut donc deviner que tel personnage a changé de lieu ou de rôle; pour l'acteur, il se contente d'indiquer simplement par un signe de convention l'action qu'il est censé faire; on conçoit donc qu'il est obligé de recourir à mille signes différents, et c'est aux spectateurs à se figurer le reste.

Leur danse sur la corde, ainsi que leurs tours de souplesse, bien que toujours accompagnés par la plus détestable musique, sont pourtant faits pour étonner les Européens, et il faut véritablement avouer que les Chinois ont poussé ces deux arts à un degré de perfection inconnu partout ailleurs. Cette danse, si tant est qu'elle mérite ce nom, est la seule connue en Chine. Le caractère morose des Chinois ne peut s'accommoder de nos danses, si bien que ceux d'entre eux qui ont assisté à des bals européens à Macao ont exprimé le dégoût qu'ils avaient éprouvé en voyant des femmes prendre part à ce divertissement.

La veille du jour du dîner, celui qui le donne envoie de rechef une seconde invitation, également sur papier rose, pour rappeler aux conviés que la fête aura lieu le lendemain, et leur demander s'ils comptent y assister. Enfin on envoie encore une troisième fois chez eux, le jour même du repas, pour leur annoncer que tout est prêt pour les recevoir.

Les convives rassemblés, on commence à présenter du lait d'amandes dans de grandes tasses; puis viennent les mets, qui sont absolument les mêmes à toutes les tables, et qui se servent successivement et par portions à chaque convive. Les tables sont ordinairement en bois d'ébène ou de surate poli, à double couvercle, parce que, n'employant pas de nappes, on enlève le premier service avec le couvercle supérieur pour placer le second service sur la table de dessous.

Toutes les tables se couvrent premièrement de tasses pour le vin, de cuillers en faïence ou en émail, ainsi que d'assiettes de fruits, de noix et d'autres friandises semblables; il y a en outre des baguettes dont les Chinois font usage en guise de fourchettes; elles ont environ neuf pouces de longueur, et sont ordinairement en os ou bien en ébène, à pointes d'argent, entièrement rondes, à l'exception de l'extrémité supérieure, qui est quelquefois à quatre facettes. Ces baguettes se tiennent parallèlement sous le pouce de la main droite, en les appuyant sur l'index et le doigt du milieu; l'aliment se prend avec les deux baguettes; et quant à la main gauche, elle sert à tenir une cuiller sous l'aliment pour empêcher le jus de découler. On place ensuite sur la table divers plats de poisson froid, comme du poisson-volant, séché et râpé fin, en forme de salade, accommodé avec des champignons; des saucisses coupées par morceaux, des foies et des estomacs d'oiseaux cuits et hachés menus, avec une sauce piquante; des tranches de jambon, des canards salés, des œufs cuits et coupés par morceaux, du cerf séché accommodé en purée, une espèce de chenille qui se trouve dans la canne à sucre, desséchée au feu, et qui forme un des plats les plus recherchés et les plus chers de la cuisine chinoise; enfin la table est chargée d'un grand nombre d'autres mets, qui laissent une seule place à son centre pour une jatte de moyenne grandeur.

Lorsque le repas commence, toutes les tasses se remplissent de *siou-hen-tsou;* alors le maître de la maison se lève, et tout le monde après lui; il prend sa tasse à deux mains et s'incline vers les convives; après quoi tous boivent et se rassoient. Aussitôt des domestiques apportent une jatte avec quelque aliment chaud, qui se place au milieu de la table; quant aux plats froids dont nous venons de parler, on ne les considère que comme des hors-d'œuvre pour occuper les convives dans les intervalles des principaux plats chauds.

Bien qu'il y ait beaucoup de raisin en Chine, on n'y fait pourtant pas de vin; mais les Chinois emploient leurs ananas, leurs oranges et beaucoup d'autres fruits à préparer diverses infusions et liqueurs qui, quoique fortes, sont pourtant agréables. Ces liqueurs, ainsi que le *fan-tsou*, boisson spiritueuse et d'un goût désagréable, qui a de l'analogie avec l'alcool, se présentent toujours aux convives au commencement du second service.

Après chaque plat on boit une tasse de siou-hen-tsou. Les premiers mets consistent en diverses entrées, riz, fricassées de poulets, mouton, bœuf, porc, jambon non salé, pattes d'oies, grenouilles, poissons, cailles et autres plats. Tout cela est découpé en petits morceaux faciles à prendre entre les deux baguettes, et c'est de même que tous les plats sont ainsi présentés, et lentement.

Outre les époques du dîner que le cérémonial fixe pour se porter des santés, les convives s'en adressent encore personnellement, comme il se fait en Angleterre. Mais lorsqu'il s'agit de boire avec le cérémonial d'usage, deux personnes se lèvent à la fois, prennent chacune leur bocal à deux mains et se rendent au milieu de l'appartement; ensuite, élevant les tasses à la hauteur de leurs lèvres, ils les rabaissent lentement presque jusqu'à terre, et plus ils s'inclinent plus la politesse est grande.

Ceci se répète trois, six ou neuf fois, et les buveurs ont bien soin d'observer leurs mouvements respectifs avec la plus grande attention, jusqu'à ce que tous les deux portent enfin les tasses à leurs lèvres en en vidant le contenu, après quoi ils les renversent pour montrer qu'elles sont à sec. Alors ils se saluent et se rendent à leurs places. Là commencent de nouvelles politesses pour savoir à qui s'asseoira le premier, et la discussion ne se termine qu'après maintes révérences et grimaces; ils font semblant de prendre place, ils gesticulent et finissent enfin par s'asseoir tout à coup et en même temps.

Au commencement de ce cérémonial, lorsque les deux convives s'approchent au point que leurs tasses se touchent, souvent ils les échangent, après quoi commencent les révérences de rigueur.

Les Chinois ont aussi une espèce de jeu pour s'exciter à boire; je vais tâcher d'en donner une idée. Lorsque les tasses sont remplies, les deux personnes qui désirent jouer étendent leurs bras vers le milieu de la table, les poings fermés, et au moment qu'ils se rencontrent chacun des deux lève autant de doigts qu'il lui plaît, et les assistants doivent dire à l'instant, et à haute voix, combien il y a eu de doigts levés ensemble; celui qui a deviné juste a le droit de forcer son antagoniste à boire. Il m'est arrivé de voir ce jeu se prolonger pendant une heure, jusqu'à ce que l'un des deux joueurs, pressentant sa perte et sentant sa tête s'embarrasser, renonçât à continuer la partie. Ce divertissement est extrêmement bruyant, principalement quand il y a beaucoup de convives. En suivant le cours de la rivière chinoise un jour de fête, l'oreille est frappée des cris joyeux de la foule qui se livre à ce bruyant passe-temps.

Les eaux-de-vie en Chine sont faibles, et il faut en boire beaucoup pour qu'elles enivrent, à moins que l'on n'y ajoute le spiritueux *fantsou;* je dois dire à l'honneur des Chinois qu'ils sont peu enclins à la boisson, et l'on y rencontre rarement des ivrognes déterminés comme en Europe. Il est fâcheux qu'on ne puisse pas en dire autant des autres vices auxquels ils se livrent, et qui, bien que moins repoussants en apparence, sont pourtant encore plus blâmables.

La politesse aux repas consiste à offrir à son voisin du plat que l'on a devant soi, et si ce dernier connaît les règles du savoir-vivre, il s'empresse de prendre de vos baguettes le morceau qui lui est offert, avant que vous n'ayez eu le temps de le mettre dans sa cuiller; alors il vous offre à son tour de quelque autre chose. Il est sans doute peu agréable de manger tous au même plat, mais il l'est encore moins de recevoir un morceau des baguettes d'un Chinois enfumé de tabac; cependant tel est l'usage, et il faut s'y soumettre.

Le premier service est composé de douze jusqu'à vingt plats, sans compter ceux que l'on sert dans l'intervalle du premier au second service, et qui consistent en potages, pâtisseries, pâtés de viande et gâteaux de farine et de riz ; après le potage, le couvercle de dessus s'enlève avec tout ce qui est dessus, et la table est alors couverte de tasses, de cuillers et de baguettes. On place le vinaigre, le soya, les ragoûts sucrés et de petits plats de radis coupés ; des poires, des oranges et d'autres fruits sont mis devant chaque personne. Pendant que les gens s'occupent à préparer le second service, ceux des convives qui se sentent fatigués se lèvent et se promènent dans l'appartement; coutume fort agréable pour les Européens, qui ont de la peine à supporter le long et ennuyeux cérémonial des tables chinoises. Lorsque tout le monde a repris ses places, le second service commence par un potage aux nids d'oiseaux, le mets le plus cher et le plus recherché qu'un Chinois puisse offrir à ses convives; il a l'apparence d'un potage dans lequel nagent des œufs de pigeons. Si parmi les convives il y a des personnes de distinction, c'est l'hôte lui-même qui pose le premier plat sur la table ; pendant ce temps les coupes se remplissent, et tout le monde se tient debout jusqu'à ce que le maître de la maison adresse un compliment général en buvant en même temps à la santé de l'assemblée. Pour donner de la saveur aux nids d'oiseaux, on les cuit dans un consommé de poules coupées en petits morceaux, et dont une partie de la viande reste dans le potage ; comme on n'y met ni sel ni poivre, ce potage n'aurait aucun goût sans le vinaigre, le sel et d'autres ingrédients que l'on a toujours sous la main pour les employer à volonté. Ces nids d'oiseaux sont composés d'une matière gélatineuse ressemblant à de la gelée, que les hirondelles de mer recueillent de certaines plantes marines qui flottent à la surface de l'eau dans les mers des Indes, de la Chine et dans l'Océan Pacifique ; les meilleurs viennent de Batavia et des îles de Nikobarsk.

Le nid est formé de trois couches qui se distinguent par les noms de tête, ventre et pieds ; la couche intérieure, qui est blanche et pure, se nomme tête ; lorsqu'on la sépare des autres, elle présente une masse ovale, convexe, d'un quart de pouce d'épaisseur et de six pouces de circonférence, formée de petits brins d'une substance gluante de $\frac{7}{8}$ de pouce d'épaisseur sur deux pouces de longueur. Ces nids se vendent au poids et coûtent (23) de 40 à 60 piastres le katti (de 216 à 324 fr.), prix sans doute exorbitant; la seconde couche ou ventre se vend à meilleur marché, de 19 à 28 piastres (de 102 à 150 fr.); enfin la partie extérieure, étant mélangée de corps étrangers et de sable, ne coûte que de 6 à 11 piastres (de 32 à 59 fr.) le katti. Après le potage aux nids d'oiseaux, le reste du dîner se présente dans de grandes écuelles ou terrines qui se succèdent au nombre de vingt ou trente. Ces mets se composent de diverses soupes, panades, ragoûts de viande et de poisson, parmi lesquels on distingue le *beache de mer,* substance marine gluante et forte qui se trouve sur les bancs de sable et près des îles de l'archipel chinois et de l'Océan Pacifique; c'est sur les côtes de la Nouvelle-Hollande que la pêche en est la plus abondante. Les autres plats consistent en nageoires de requins, estomacs de poissons, tortues, homards, crabes, cerf, perdrix, cailles, faisans, canards, moineaux, oiseaux de riz et autres qu'il serait trop long d'énumérer; quelquefois un plat entier n'est composé que de têtes de moineaux. De tous ces mets, le beache de mer, les nageoires de requins et les estomacs de poissons, sont les plus recherchés.

Vers la fin du repas, les sept ou huit dernières jattes demeurent sur la table, et se placent circulairement de façon à se toucher l'une l'autre ; sur chacun de ces points de réunion se pose une petite assiette de poissons ou de canards salés, des œufs et des légumes. Au centre de ce cercle, on met une grande jatte en bois, en argent ou en cuivre étamé, divisée en compartiments qui contiennent des potages et diverses viandes cuites et marinées. Tous ces mets sont brûlants, et ils conservent leur chaleur au moyen d'une lampe à esprit-de-vin ou de charbons ardents. Chaque convive reçoit après cela du riz, dans une jatte séparée, qu'il est d'usage de manger avec du poisson salé, du potage acidulé ou avec l'un des autres plats placés en cercle. Enfin le thé, présenté comme je l'ai dit dans des tasses couvertes, sans sucre ni crème, termine le festin.

Resterait maintenant à exprimer une opinion sur la cuisine chinoise. Pour le faire impartialement, il convient de dire que comme les principaux assaisonnements sont l'ail et des huiles trop souvent rances, il est rare que leurs mets soient agréables au goût. Quant à l'ail, les Chinois savent lui enlever son odeur forte au moyen de la vapeur, et comme il y a certains plats où il n'entre pas d'huile, on pourrait en trouver quelques-uns, dans la vaste nomenclature de leurs préparations culinaires, qui seraient assez agréables. Je pense même que ces plats-là doivent être plus sains qu'un grand nombre de nos sauces compliquées.

Le lendemain d'un grand repas, l'hôte s'empresse d'envoyer de nouveau une pancarte de couleur rose à tous ses convives de la veille, pour leur exprimer les regrets qu'il éprouve de n'avoir pu les traiter avec une recherche plus digne d'eux; les convives répondent aussitôt sur des feuilles pareilles, et expriment en termes emphatiques tout le plaisir que leur a procuré cet incomparable festin!

Telles sont les coutumes qu'observent les Chinois entre eux; mais s'ils invitent à dîner des Européens, la plus grande partie du cérémonial est mise de côté; souvent ils demandent d'avance si l'on désire être reçu à l'anglaise ou à la chinoise. J'ai moi-même pris part à plusieurs excellents dîners, chez des négociants chinois, dont la table exquise était servie à l'anglaise avec un dessert et des vins parfaits.

CHAPITRE VIII.

Fâcheux état de la moralité. — Idées des Chinois sur la religion. — Le bambou employé à une infinité d'usages. — Confucius. — Manque d'établissements de charité. — Abandon des nouveau-nés. — De l'éducation du bas peuple. — Différence des coutumes et du langage dans les diverses provinces. — Fête du nouvel an. — Les dix jours saints.

D'après la description que je viens de donner d'un dîner en Chine, on voit que les Chinois doivent se livrer souvent à des excès de table. J'aurais voulu être dispensé de répéter qu'ils sont malheureusement enclins à d'autres excès plus coupables, et qui les rabaissent même au dernier échelon de l'humanité. Mais dans un pays où la moralité est presque nulle, et où la religion, n'ayant rien d'intellectuel, consiste uniquement en un culte extérieur et en anciens usages, les penchants vicieux ne trouvent d'opposition ni dans des préceptes religieux ni dans ceux de la morale.

Malgré le peu de cas que les Chinois font de

leur culte, l'aversion qu'ils ont pour toutes les religions qui ne s'accordent pas avec le polythéisme et les préceptes de Confucius est extrême; aussi l'intolérance du gouvernement chinois peut-elle être assimilée à celle du Japon et de quelques Etats mahométans.

Le bambou, production indigène de la Chine, est le moyen dont le gouvernement se sert pour redresser les travers de la nation et pour faire exécuter les lois; en même temps il sert à un grand nombre d'usages. Lorsqu'il commence à sortir de terre, sa substance est tellement molle qu'il peut servir d'aliment, soit en salade, soit en le faisant cuire. Parvenue à son entière croissance, la plante change d'usage; on en bâtit et on en couvre les édifices. Le bambou sert aussi alors à fabriquer des corbeilles, des nattes, des chaloupes, des cordes, des câbles, du papier, des mâts et des vergues pour les petites comme pour les grandes embarcations. On en fait des tables, des chaises et d'autres meubles; des pompes, des tuyaux; toute espèce de vaisselle, comme baquets, auges, terrines, tonneaux, gobelets, ainsi qu'une foule d'autres objets.

Le bambou parvenu à sa parfaite croissance est aussi l'instrument que les ministres emploient pour donner de l'effet au mécontentement impérial; c'est l'épouvantail de la nation, l'égide du pouvoir paternel, l'ami des maris, l'aide des instituteurs ; aussi est-il autant respecté que le souverain lui-même. Les personnages les plus importants et les plus anciens serviteurs de l'État sont également à la merci de ce messager brutal de la puissance souveraine, sans que leur honneur en souffre ensuite ou qu'il leur fasse perdre quelque chose de la considération dont ils jouissaient. Placé entre les mains des autorités, des pères de famille et des chefs de diverses industries, le bambou est le gardien de l'ordre social, assure la prospérité des institutions, et il est le plus fort soutien de la police impériale. Lorsqu'il plaît à l'empereur d'en asséner un coup à son premier ministre, ce coup descend aussitôt par ricochets et va frapper ainsi jusqu'au plus humble sujet de l'empire.

Là où un pareil instrument est l'exécuteur des sentences du pouvoir, là, dis-je, il ne peut y avoir d'honneur, ce compagnon et ce symbole de toute âme élevée ; car du moment qu'il n'existe pas de marque dégradante, l'esprit humain doit naturellement déchoir. Aussi ne doit-on pas être surpris de tous les vices de la nation chinoise.

Le droit qu'accordent généralement les lois d'employer le bambou à la punition des coupables, conformément aux règles qu'elles prescrivent, prouve que le despotisme y règne au plus fort degré. Au reste il ne faudrait pas en conclure que l'empire est gouverné par un souverain absolu, car l'empereur de la Chine est au fond le premier esclave des institutions et des usages du pays qu'il gouverne en apparence. Il parvient au trône soit par droit de primogéniture, soit par le choix de son père; mais du moment qu'il y est élevé, une loi particulière lui prescrit de se conduire d'une manière déterminée, en l'astreignant à de certains devoirs dont la stricte et continuelle exécution est absolument exigée de lui, sans qu'il puisse y apporter le moindre changement. L'empereur en montant sur le trône prête le serment solennel de soutenir et de conserver l'ancienne religion, les lois, les usages, les coutumes et les préceptes du gouvernement, sous peine de perdre sa couronne. On voit donc que quelque puissant que paraisse le chef de 150 millions d'hommes et d'une armée de 3 millions de soldats, ce n'est au fait qu'un automate que l'on a revêtu des insignes du pouvoir pour fasciner les yeux de la nation. L'empereur ne peut même pas exercer sa volonté sur lui-même si bien qu'il doit marcher, s'asseoir, boire, dormir ou s'éveiller d'après un cérémonial adopté qu'il n'ose ni changer ni enfreindre. Mais quand même il voudrait s'en éloigner momentanément, cela lui serait impossible, car l'observation de ces règles d'étiquette est confiée à des dignitaires de la cour qui sont eux-mêmes responsables de leur stricte observation vis-à-vis d'autres hauts fonctionnaires; il est donc difficile que le plus petit changement s'introduise.

L'empereur de la Chine n'a par conséquent pas le degré de liberté dont jouissent ses sujets. Toutes les récompenses et les punitions qui émanent de lui doivent nécessairement suivre une marche régulière, et toutes les nouvelles, ainsi que les rapports, lui parviennent par la même voie. D'après le code criminel, les lois ne lui accordent que fort rarement le droit d'infliger des châtiments, mais elles lui permettent de gracier, dans de certains cas. En revanche, les pères et chefs des familles ont été armés d'un pouvoir étendu qui leur donne toujours le droit de punir cruellement à coups de bambou, et quelquefois même de mettre à mort. Le dernier employé du gouvernement a le droit d'infliger le bambou pour des délits déterminés par les lois. Le code décrit avec le plus grand détail le nombre de coups à donner, ainsi que la partie du corps sur laquelle ils doivent être appliqués. Le code criminel contient aussi la description détaillée de toutes les espèces de questions et de supplices.

Je considère le gouvernement chinois comme une sorte de gouvernement patriarcal, attendu que les chefs de famille, et tous les individus revêtus d'une autorité qui s'allie à celle du gouvernement, forment les anneaux solides de la chaîne du pouvoir despotique, qui s'étend en Chine à toutes les classes et à tous les états. Il faut donc convenir que leurs lois sont sages sous de certains rapports, car elles ajoutent à la vigueur du gouvernement et maintiennent dans la soumission tous les pouvoirs particuliers, tant ceux qui appartiennent à la société en général que ceux dont l'autorité s'exerce dans l'intérieur des familles.

En réfléchissant sur cette matière, je me suis souvent demandé comment un gouvernement aussi vicieux avait pu se maintenir aussi longtemps. Les observations que j'ai été à même de faire m'ont prouvé clairement que cela résultait du langage, de la religion, des lois, des coutumes et du caractère de la nation. Je pense aussi que la Chine est redevable du despotisme général qui y règne à l'organisation politique et morale des hordes qui ont bouleversé cet empire (24). Leurs chefs, jouissant à peu près d'un pouvoir égal, ne consentirent sans doute à donner au nouvel empire qu'une sorte de régime patriarcal ; par là chacun d'eux pouvait conserver une part considérable d'autorité sur sa tribu ou sa famille, et affaiblir ainsi l'autorité du chef suprême, en le faisant dépendre de leur fidélité.

On pourrait véritablement donner aux familles chinoises le nom de clan ou de tribu, car la polygamie fait que les familles s'y accroissent avec une rapidité extrême. Les Chinois se marient aussi fort jeunes, et j'en ai connu beaucoup qui depuis longtemps étaient bisaïeuls, bien qu'ils n'eussent que de quarante à soixante ans, et leur lignée s'étendait déjà jusqu'au nombre de cinquante à soixante.

Je crois pouvoir conclure de ce qui précède que les institutions des Chinois sont résultées du caractère primitif de ceux qui, après avoir conquis la Chine, voulurent fondre leurs lois avec celles plus douces des anciens Chinois. Leur code actuel, quelque incohérent qu'il soit, présente cependant quelques vues sages, fruit de plusieurs siècles de travail, mais dont la majeure partie ne sont bonnes qu'en théorie, puisque l'expérience a démontré que ces lois étaient inapplicables.

Il n'y a que le despotisme le plus raffiné et l'intention de l'introduire, non-seulement dans les moindres branches de l'administration, mais encore dans la conduite intérieure des familles, qui aient pu produire une œuvre semblable au code criminel chinois. Combien a dû être cruelle l'imagination de ceux qui ont inventé ce grand nombre de supplices divers, pour définir et punir tous les degrés du crime, jusqu'aux nuances les plus légères !

Si l'on prend ces diverses circonstances en considération, et si l'on fait attention aux progrès des Chinois dans les arts et les métiers, comparativement aux autres peuples de l'Asie, on conviendra certainement qu'il a fallu toute l'industrie et l'application qui les distinguent pour surmonter les nombreux obstacles que leur offraient tant d'institutions injustes, nuisibles et oppressives.

Il paraît que la civilisation ne fait point actuellement de progrès en Chine, cependant il est impossible qu'elle reste longtemps stationnaire; les rapports commerciaux qui ont commencé il y a quelques années, et qui se poursuivent continuellement entre la Chine, l'Europe et l'Amérique, doivent y introduire bientôt nos perfectionnements; si ce n'est en général, du moins dans les arts et les métiers.

Les Chinois possèdent assurément les qualités nécessaires pour s'occuper d'entreprises commerciales; ils sont calculateurs, aiment l'ordre, et formeraient même un peuple très distingué, s'ils joignaient à ces qualités de l'honneur et de la droiture. Je crois qu'une nation peut vivre heureuse sous toute espèce de gouvernement, quelque nom qu'il porte, pourvu qu'il se fonde sur la justice et l'équité; un tel pouvoir sera certainement aimé et soutenu par cette nation. Nous rendrons donc justice à la fidélité des Chinois qui, malgré tout ce qu'ils éprouvent de maux, sont cependant restés soumis au pouvoir sur lequel les siècles ont accumulé des abus, plutôt que de renverser l'édifice social.

L'attachement des Chinois pour l'ordre de

choses existant tient aussi à leur religion, comme on le verra plus loin, et à la vénération qu'ils professent pour les traditions de leurs ancêtres.

Ce qui manque totalement au gouvernement chinois, c'est une noblesse héréditaire, véritable pierre angulaire de toute monarchie bien organisée.

L'attention que le gouvernement porte aux parties les plus minutieuses de la religion est sans doute digne de remarque, et montre combien sage est sa politique. Au reste, sa surveillance ne s'étend qu'à ses sujets et à la religion dominante. Il est une chose bien digne de louange chez les Chinois, c'est la décence avec laquelle ils se comportent dans les lieux destinés au culte. Ils pensent avec raison que toute idée mondaine doit en être exclue; aussi n'y commettent-ils jamais la moindre irrévérence, et y observent-ils un silence solennel. Chaque habitation a son oratoire, où le maître de la maison se rend soir et matin avec sa famille pour y accomplir ses exercices de piété.

Les Chinois se font un devoir de se conformer strictement aux cérémonies de leur culte, d'être soumis à leurs parents, et, lorsqu'ils les ont perdus, de rendre chaque année les devoirs funèbres à leur tombe; mais une fois ces formalités remplies, ils considèrent toutes les fautes qu'ils peuvent commettre comme peu importantes, et sont persuadés qu'elles peuvent être facilement effacées par l'intercession des divinités subalternes auxquelles ils s'adressent. N'ayant aucune idée des devoirs moraux qui règlent notre conduite, ils ne pratiquent les cérémonies religieuses que comme d'anciens usages dignes de respect; mais quant à l'esprit de ces institutions, ils l'ignorent, ou bien ils négligent d'y faire attention. Les gens les plus immoraux que j'aie eu l'occasion de voir en Chine étaient pourtant de grands admirateurs de Confucius, et auraient été capables de me réciter par cœur toutes ses instructions.

Les préceptes de ce célèbre philosophe sont parfaitement adaptés à la moralité peu rigide de la nation; aussi les Chinois recourent-ils à une logique particulière pour les expliquer en les faisant cadrer avec leurs penchants. Tous les savants légistes du pays les interprètent donc de cette façon, et emploient par conséquent leur éloquence à démontrer que le blanc est noir.

Mon but, en m'étendant sur les observations relatives à l'état moral de la nation, est, je l'avoue, de rectifier les jugements beaucoup trop avantageux des Européens sur la Chine. La suite confirmera encore ce qui précède.

Il n'existe pas en Chine un seul établissement de charité ou de bienfaisance, du moins n'en ai-je jamais entendu parler, à moins que l'on ne donne ce nom aux magasins de riz que le gouvernement vend aux pauvres, dans les années de disette, aux prix ordinaires. Mais ces établissements, au lieu d'avoir été fondés dans des vues philanthropiques, l'ont été uniquement pour prévenir les émeutes, qui, malgré ces précautions, éclatent souvent lorsque la disette se fait sentir. Ceci tient aux abus qui se sont introduits dans cette partie, et qui privent ainsi la nation du bienfait de ces établissements. Des mandarins corrompus, profitant du pouvoir qui leur est confié, s'enrichissent au détriment des pauvres, et bien que leurs malversations occasionnent toujours des révoltes qu'ils paient de leur tête, ceux qui leur succèdent suivent cependant l'exemple de leurs prédécesseurs.

Beaucoup d'habitants pauvres de Canton sont contraints, par excès de misère, à abandonner leurs nouveau-nés, et quoiqu'il y ait des individus chargés de les recueillir, ces malheureuses créatures apaisent souvent la voracité des chiens!

Les pauvres, pour se faire un état, élèvent des jeunes gens dont ils font des comédiens et des filles qu'ils livrent *au désordre*, et ce sont deux des états les plus lucratifs du pays. J'ai entendu dire à des Chinois qu'il était autrefois d'usage, même chez les gens riches, d'étouffer beaucoup de nouveau-nés du sexe féminin, attendu qu'il y avait déshonneur à avoir beaucoup de filles. Sans affirmer que telle ait été la coutume de toute la Chine, je puis du moins assurer qu'elle était généralement suivie dans la province de Fo-Kien.

Les mœurs, les coutumes et même le langage sont différents dans les diverses provinces de l'empire. Ainsi l'habitant de Canton n'entend pas le langage de celui de la province de See-Tchuen; il est obligé d'avoir recours à un interprète, à moins qu'ils ne correspondent par écrit, la langue écrite étant partout la même. Il est aisé de distinguer dans la foule qui circule dans les rues de Canton un habitant de Nankin, de Kou-Ansi ou du Fo-Kien, à leurs différents costumes. On les rencontre souvent par troupes, rôdant à l'entour des factoreries européennes pour tâcher de voir quelque Européen. S'ils en rencontrent un dans les rues, ils s'éloignent de lui et le laissent passer en le regardant comme une bête curieuse; mais s'ils s'en approchent, c'est pour l'examiner avec une impudence incroyable. J'ai même vu un habitant du Fo-Kien saisir un Anglais par l'oreille et la lui tirer avec force, pour s'assurer sans doute si elle tenait à sa tête, comme les oreilles chinoises.

Le peuple en Chine est excessivement curieux, et l'empressement qu'il met à assister aux exécutions des criminels ne peut se comparer qu'à ce qui se voit en France et en Angleterre. La dépravation du goût est même telle chez les Chinois qu'ils se plaisent à transporter sur leurs théâtres tous les affreux supplices que leurs législateurs ont inventés, et ce spectacle horrible semble leur plaire beaucoup. J'ai assisté à une représentation semblable, où il s'agissait de plonger un malfaiteur dans une chaudière d'huile bouillante, pour être ensuite écorché vif. Sans m'arrêter à dépeindre la manière dont ils s'y prirent pour compléter l'illusion, qu'il me suffise d'ajouter qu'on y mit tant d'art que je ne pus m'empêcher de détourner les yeux de ce hideux tableau, en déplorant la barbarie d'un peuple capable de se créer des divertissements pareils.

Examinons maintenant en quoi consiste la religion des Chinois. Après avoir fait tous mes efforts pour rassembler des matériaux capables de jeter du jour sur ces matières, j'ose espérer que ce que j'en dirai inspirera de l'intérêt. La religion dont le culte est autorisé à Canton est le bouddhisme, nommée *Boudo-Fo :* c'est une sorte de polythéisme, et les détails dans lesquels j'entrerai plus loin le confirmeront. J'ai puisé mes renseignements à diverses sources, attendu que, parmi tous les Chinois de ma connaissance, je n'en ai pas trouvé un seul qui connût parfaitement sa religion ; bien plus, je n'en ai point vu qui réglassent leur conduite sur des principes arrêtés comme ceux du christianisme. Comme je l'ai déjà fait observer, la religion en Chine consiste plutôt dans de certaines pratiques imposées qu'en des dogmes sur lesquels s'appuieraient des principes de moralité publique. En admettant, d'après l'opinion généralement reçue, que les Chinois aient emprunté leur polythéisme aux Indiens, il n'en est pas moins certain qu'il existe bien plus de tolérance en Chine que dans l'Inde, ce qui prouve que l'esprit de cette religion a été plié à celui de la nation qui l'a embrassée. J'ajouterai à l'appui de ce que j'avance que les rits sévères de beaucoup de castes indiennes n'auraient guère trouvé de sectateurs en Chine. Leur religion est comme leurs vêtements, c'est-à-dire brillante au dehors, commode par son ampleur, et capable de cacher sous ses larges plis toutes les imperfections de leur caractère.

C'est sur la lune que l'année chinoise s'évalue; aussi en résulte-t-il que, bien que leur année soit de douze mois, le compte des jours ne donne jamais un résultat exact; ce qui les oblige à combler le déficit en ajoutant à la fin de l'année un certain nombre de fêtes, et en comptant un treizième mois dans les années qui suivent chaque période de dix-neuf ans.

A peine approche-t-on de la fin de l'année que tous, pauvres comme riches, abandonnent leurs affaires pour ne plus songer qu'à fréquenter les temples, les spectacles, et à faire bonne chère. Il est censé que toutes les affaires pendantes doivent être réglées de concert et à la satisfaction des parties, la veille du nouvel an. A cette époque le pouvoir des mandarins reste suspendu durant quelques jours, ce qui produit parfois des désordres, à cause de la faculté qu'ont alors les particuliers de régler leurs comptes et leurs affaires conformément à d'anciennes coutumes. Le résultat est souvent aussi fâcheux pour le débiteur que pour le créancier, mais toujours moins onéreux que l'intervention de la justice. Cependant il faut ajouter à leur louange que, bien que livrés à eux-mêmes, ils terminent leurs contestations plus à l'amiable qu'on ne pourrait le supposer. Mais si un créancier refuse obstinément d'entrer en arrangement, son débiteur a quelquefois recours à la force; il envoie des gens chez lui pour saisir ses meubles et le maltraiter, et malheur à lui s'il n'a pas sous sa main des amis pour le défendre. Ces sortes de scènes se passent communément vers la fin de l'année et se prolongent jusqu'au premier jour de la nouvelle; si aucun arrangement ne se conclut ensuite, elles peuvent se renouveler encore vers la fin de la seconde année. Quelquefois le créancier a recours à un autre expédient; c'est d'établir à la porte de son débiteur un certain nombre de mendiants et de vagabonds, ce qu'il obtient moyennant une certaine rétribution à payer au mandarin des pauvres; la loi défendant de les maltraiter (quoique le mandarin le fasse souvent pour de légers motifs), le créancier n'a d'autre moyen de se débarrasser de ce fâcheux voisinage que de donner au mandarin une somme plus forte que celle qu'il avait reçue de la partie adverse.

Soon-Nin est le nom des solennités du jour de l'an; on les fête aux quatre coins de la ville, dans les temples de Ching-Sai-Pak-Tay (temple occidental du grand dieu du Nord), de Say-Lo-Zam-Tay-Vong (grand temple du dieu de la médecine), de Paou-Tchen-Tsy-Say-Kail-Ching-Vong (temple du dieu protecteur de Canton), et de Say-Vong-Kay-Yock-Vong-Mayen (temple dédié à la science médicale). Les terrains sur lesquels sont élevés ces temples passent pour avoir la propriété de conserver la peau et les os des corps, tandis que les parties molles se dissolvent en poussière. A l'approche du jour de fête de chacun de ces temples, on construit dans leur voisinage de grands théâtres en bambous, sur lesquels sont ensuite représentées des pièces en honneur de la divinité du temple. Chaque maison se fournit alors de lanternes neuves; on colle du papier rouge à sa porte ou à celui de ses angles où sont placés les pénates; l'ameublement est renouvelé et la famille se pare de ses plus beaux habits.

Cette dernière coutume est obligatoire; car un Chinois se croirait voué à la pauvreté pour toute l'année s'il n'avait été bien vêtu le jour de l'an; aussi emploie-t-il tous les moyens en son pouvoir pour observer cette coutume, au point de dérober quelquefois les habits qu'il ne serait pas en état de s'acheter. A peine minuit a-t-il sonné que des détonations se font entendre de toutes parts, d'une extrémité de la Chine à l'autre; ce sont des pièces d'artifice que chacun brûle pour annoncer que ses affaires sont heureusement terminées. Devant les maisons des mandarins ces pièces sont fixées ensemble à une longue perche rouge et brûlent pendant près de dix minutes, en faisant entendre une suite de détonations. L'usage des feux d'artifice s'applique en Chine à tous les genres de solennités, tels que mariages, arrivées d'amis, etc.; leur but est de rendre les divinités favorables.

Les visites du nouvel an sont aussi en usage en Chine qu'en Europe. Si c'est un homme riche que l'on va visiter, telle est la forme de sa réception. Il se tient habituellement dans une grande salle fraîchement décorée, entouré de ses gens vêtus d'habillements neufs. Les siéges sont polis à neuf et couverts en étoffes rouges. La porte s'ouvre à deux battants pour faire entrer l'étranger, et le maître de la maison est assis sur un sofa dans un angle de la pièce; mais il se lève et s'avance vers l'arrivant, tandis que les tam-tams retentissent sous les coups de baguettes garnies de drap. Alors les deux Chinois se font force révérences et compliments, qui, si l'étranger est d'un haut rang, peuvent durer dix minutes. Enfin on s'asseoit, le maître de la maison sur le bord du sofa ou bien dans un fauteuil auprès de l'arrivant, si ce n'est point un grand personnage. Une table recouverte en marbre, qui se trouve vis-à-vis de chaque fauteuil, reçoit alors le thé, qui est apporté en même temps au maître de la maison; l'étranger porte la tasse à ses lèvres et boit à la santé de son hôte. En prenant congé, le maître de la maison se lève pour l'accompagner en lui faisant de nouveau maintes politesses. Quelquefois il pousse les égards jusqu'à crier à tue-tête des compliments flatteurs, tandis que l'étranger s'éloigne dans sa chaise; il va sans dire que celui-ci y répond à son tour.

Les fêtes du nouvel an doivent durer dix

jours d'après la loi, mais souvent on les prolonge du double; je vais en donner une description jour par jour.

La première journée se nomme Kay-Yat (le jour des oiseaux). Cette fête est destinée à rappeler que les volatiles sont une des nourritures de l'homme; on s'abstient de viande durant ce jour, et les rigoristes observent même un jeûne sévère. Une particularité bizarre à cette solennité est l'usage où sont les Chinois de cacher les balais et d'enlever les sonnettes, comme des porte-malheurs.

La seconde journée se nomme Kou-Yat (le jour des chiens). Les Chinois vénèrent tellement les chiens qu'ils ont des ouvriers spécialement chargés de leur fabriquer des cercueils. Ils croient qu'un de leurs sages fut préservé de la mort par un de ces animaux qui dévora son assassin; et pourtant, par une singulière inconséquence, les Chinois mangent la chair de cet animal.

Le troisième jour est nommé Chen-Yat (jour des porcs). Il en est de cette solennité comme de la précédente; les Chinois vénèrent la mémoire d'un de ces animaux qui sauva, suivant eux, un manuscrit précieux de l'incendie; aussi s'abstient-on de la chair de porc durant ce jour; quant au reste du temps, c'est ce qui forme le fondement de tout dîner chinois. Le même Chinois qui m'expliqua la solennité du troisième jour, m'a raconté une fable absurde sur certain singe qui, disait-il, avait découvert en Chine un manuscrit presque détruit. Un Européen, entre les mains duquel il était tombé, en avait extrait les vingt-quatre lettres de l'alphabet européen. Si je rapporte ce conte absurde, c'est pour donner une idée de l'excessive vanité de ce peuple et de son mépris pour les nations européennes; car le narrateur me rapportait le fait comme notoire. Beaucoup de Chinois sont persuadés que les singes pourraient parler tout comme les hommes, et que, s'ils ne le font pas, c'est par pur caprice de leur part. Enfin, ajoutons que lorsque la petite vérole atteint un enfant, les parents s'empressent d'envoyer un porc au temple voisin, où ces animaux sont religieusement nourris jusqu'à leur mort. En général les Chinois croient aux contes les plus absurdes, et toutes nos histoires de sorciers et de revenants ne sont rien auprès des leurs.

Le quatrième jour se nomme Yaong-Yat (le jour des brebis); ce jour est consacré à Pun-

Kvon-Venga, berger qui vécut pauvre, ne se nourrissant que de légumes et n'ayant pour vêtements que l'écorce des arbres, mais qui enseigna tout le parti que l'on pouvait tirer de la toison des brebis. Le temple qui lui est dédié ne reçoit en offrande que des fruits, des légumes, des sucreries et du vin.

Le cinquième jour se nomme New-Yat (le jour des vaches); un de ces animaux allaita un jeune enfant dont les parents avaient péri, et qui, étant devenu mandarin par la suite, lui éleva un temple. Telle fut la cause première de l'institution de cette fête; aussi beaucoup de Chinois s'abstiennent-ils tout-à-fait de la chair de bœuf; d'autres y renoncent à l'âge de quarante ans, sans quoi ils croiraient leur salut compromis. Ceci me donne l'occasion de faire observer qu'il est d'usage en Chine de ne porter des moustaches qu'à partir de l'âge de quarante ans, et de ne laisser croître sa barbe qu'à cinquante; ce qui s'applique principalement à ceux qui, s'étant mariés jeunes, ont de grands enfants à l'âge de cinquante ans : s'ils ne se conformaient à l'usage, on ne manquerait pas de les qualifier de *ci-devant jeunes hommes.*

La sixième journée se nomme Ma-Yat; c'est le jour des chevaux. Cette fête a été instituée pour imprimer au peuple de la considération pour cet utile quadrupède.

C'est à l'homme qu'est consacré le septième jour; il se nomme Yen-Yat. Pon-Tso, qui apprit aux Chinois à se nourrir de riz, de blé et de viande, est la divinité du jour; un temple lui est dédié. Les offrandes offertes à ce dieu ne peuvent consister qu'en vin, en eau et en légumes.

C'est encore à Pon-Tso qu'est dédié le huitième jour, nommé Ko-Yat (le jour des grains); Pon-Tso apprit le premier que l'on pouvait utiliser les grains et s'en faire une nourriture.

Pon-Tso est aussi la divinité du neuvième jour, et quiconque veut obtenir du bonheur doit s'empresser de lui porter des offrandes le jour de Mo-Yat (jour du lin).

Pon-Tso est en un mot le promoteur de bien des découvertes; sans lui les Chinois ignoreraient la saveur des fèves et des pois, car ce fut lui qui cultiva le premier les plantes potagères; aussi le dixième jour lui appartient-il sous le nom de Yo-Iat (le jour des pois et des fèves). On dit que Pon-Tso vécut autant que Mathusalem, et les Chinois lui accordent la sagesse de Salomon ; aussi toutes les découvertes utiles lui sont-elles généralement attribuées.

CHAPITRE IX.

Premier mois de l'année chinoise. — Second mois; Sacrifices offerts aux mânes des trépassés. — Troisième mois; la Fête des Lanternes; Jeux. — Quatrième mois; le Dieu des fleurs. — Cinquième mois; Honneurs rendus au dieu Chaq-Kong; ses actions. — Sixième mois; Fête de la déesse Koun-Yame. — Septième mois; les Six déesses. — Huitième mois; Honneurs rendus à la lune. — Neuvième mois; les Serpents; Tradition concernant les deux rois; Offrandes au dieu des feux. — Dixième mois; Manque de confiance dans les étrangers; Divinités subalternes; Respect des marchands. — Onzième et douzième mois.

Le premier mois de l'année se nomme Yat-Youit. Dans le courant de ce mois les voleurs célèbrent la fête d'un brigand fameux qui non-seulement parvint à s'évader de prison, mais parvint encore à la dignité de mandarin. Ce mois renferme toutes les fêtes décrites dans le précédent chapitre, et un grand nombre de Chinois le passent à se divertir et à faire bonne chère.

Le second mois, qui se nomme Ei-Youit, est considéré comme le plus important de tous, étant l'époque où les enfants rendent les honneurs funèbres aux parents qu'ils ont perdus ; les offrandes consistent en pareil cas en riz, viande, poisson et fruits de la saison. Des bougies nommées lap-chock sont allumées et placées à l'entour du tombeau, sur lequel on brûle du papier d'or et d'argent ; ces bougies ont environ trois pouces de long; elles sont de couleur rouge, et leur mèche est une baguette en bois de sapin entourée de coton, laquelle se prolonge en dessous, et forme une pointe qui sert à ficher la bougie en terre, de manière à se passer de chandelier. Voici quelles sont les cérémonies observées en allant rendre hommage aux tombeaux. Le fils aîné, ou la personne la plus âgée de la famille, s'avance vers le tombeau, suivi des autres membres, qui se rangent tous derrière lui ; les prières commencent alors, durant lesquelles les assistants se mettent souvent à genoux et se prosternent trois, six ou neuf fois, en adressant des prières aux divinités pour qu'elles protégent et sauvent l'âme du défunt. Ensuite une petite partie des offrandes est répandue sur le tombeau : le reste, si ce sont des gens à leur aise, est donné aux pauvres; dans le cas contraire, la famille se le réserve.

C'est dans le courant du Sam-Youit (le troisième mois) que l'on célèbre la fête des Lanternes, qui consiste à en suspendre un grand nombre de formes variées, et représentant des poissons, des quadrupèdes et des oiseaux : à la nuit tombante les lanternes s'allument, et la foule des promeneurs se répand de tous les côtés. J'ai moi-même vu un dragon gigantesque, pouvant avoir plus de 100 mètres de longueur, dont le corps entier était formé d'un grand nombre de lanternes; on l'apporta devant notre factorerie, et les hommes qui en dirigeaient les mouvements le faisaient avec tant d'art qu'on eût pu croire que c'était un animal monstrueux qui s'avançait. Les Lanternes ne sont pourtant pas les seuls divertissements du troisième mois; de toutes parts dans les rues s'élèvent des baraques construites pour cette circonstance, où l'on représente des pièces en l'honneur des héros et des demi-dieux que l'on fête dans ce mois : les rôles de femmes y sont remplis par de jeunes garçons, parce qu'il est défendu aux femmes de se montrer sur le théâtre. Des processions pompeuses circulent dans les rues; on y voit figurer des jeunes filles montées sur des espèces de tables que des hommes portent sur leurs épaules. Ces porteurs entrent ainsi dans les maisons riches pour y quêter au profit des prêtres de Tay-Pock (le dieu du nord). Les filles qui remplissent ces rôles sont *d'une classe telle* qu'il ne leur est permis de se montrer en public que dans cette seule occasion. Mais c'est la fête des Lanternes qui est le principal divertissement de ce mois, et le luxe des illuminations dépend de l'abondance de la récolte du riz. Si le peuple en a été satisfait, il témoigne sa reconnaissance aux divinités par la grande quantité et l'élégance des lanternes.

Le Tsi-Youit (quatrième mois) est consacré à Sam-Kay, la divinité des fleurs, qui, d'après ce qu'on m'en a dit, est semblable à la Flore des anciens Grecs, au sexe près : un temple magnifique lui est dédié où l'on apporte des offrandes de fruits, de légumes et des gâteaux, et pendant trois jours des représentations ont lieu en son honneur sur des théâtres élevés exprès auprès du temple.

Ung-Youit est le nom du cinquième mois ; il est dédié à Chay-Kong, qui suivant la mythologie chinoise détruisit un dragon épouvantable, en lui faisant avaler une boule de riz dans laquelle avaient été mis des fers tranchants.

Le cinquième jour de ce mois est consacré à des courses sur l'eau, dans des bateaux qui se nomment bateaux-dragons, à cause de leur forme. Ces bateaux, d'une espèce particulière, contiennent de quarante à quatre-vingts personnes qui ne peuvent s'y placer que par deux de front. La poupe et la proue s'élèvent de quatre à cinq pieds au-dessus de l'eau et représentent la tête et la queue du monstre; tout le bateau est joliment peint et doré, et vers le milieu se trouve un tam-tam dont les sons règlent les mouvements des rameurs.

Comme les femmes chinoises n'ont la permission de se montrer en public que deux fois, dans cette occasion et au mois de juillet, à la fête de Foti, il en résulte que la fête des bateaux attire une affluence immense qui donne à cette solennité une apparence magique; toute cette foule est dispersée dans un nombre infini d'embarcations, tandis que le rivage est également couvert de monde. Le principal amusement de ces espèces de joûtes est de chercher à se dépasser le uns les autres; aussi les bateaux-dragons circulent-ils avec une extrême vélocité, s'entrechoquent souvent et sont même exposés à chavirer; mais les Chinois étant bons nageurs, il n'en résulte pas d'accidents, et lorsque pareille chose arrive, les rameurs n'ont rien de plus pressé que de retourner la barque, de la vider et de continuer leur course comme si de rien n'était.

Le sixième mois se nomme Lock-Youit; on y remarque la fête de Koun-Yame, divinité protectrice des femmes et des enfants, qui se célèbre le dix-neuvième jour du mois. C'est la seule divinité de cette espèce qu'aient les Chinois; ils rapportent à son sujet que l'esprit du mal s'étant métamorphosé maintes fois en bête féroce pour exterminer la population, Koun-Yame prit la figure d'un jeune homme, passa un anneau magique au cou du mauvais esprit, et le força ensuite à lui apprendre l'art de se revêtir de cent huit formes différentes. Koun-Yame se sert depuis lors de ce merveilleux secret pour être utile à la nation chinoise; aussi celle-ci lui a-t-elle élevé un temple dans les environs de Canton, où des milliers d'habitants vont adorer la déesse le dix-neuvième jour de ce mois. On la représente une hirondelle à la main, car elle protége cet oiseau; aussi les Chinois se gardent-ils bien de tuer les hirondelles qui apparaissent ordinairement en Chine dans cette saison de l'année.

Au septième jour du septième mois, nommé Tsat-Youit, six déesses descendent du ciel pour se baigner dans les rivières de la Chine, et par ce bain elles en épurent les eaux. Cette croyance est tellement accréditée que l'on a bien soin d'aller puiser de cette eau à trois heures après minuit, moment où elle est sanctifiée par les divinités qui viennent s'y baigner, ce qui la rend incorruptible. Les six étoiles des Pléiades, visibles à l'œil, sont précisément ces déesses, suivant l'opinion des Chinois ; quant à la septième, étant mariée, il lui est défendu d'accompagner ses sœurs. On voit que cette fable a de l'analogie avec la mythologie grecque.

La saison froide apparaît en Chine au huitième mois, nommé Pat-Youit. L'humble Tsintia est la déesse de cette mauvaise saison ; on la fête le quinzième jour du mois, et le peuple brûle en son honneur une grande quantité de papier doré et argenté, afin d'en obtenir une protection bienveillante. Les offrandes consistent en divers gâteaux, légumes, fruits confits, et surtout en ignames qui sont sous sa protection spéciale. L'usage veut que les personnes qui se connaissent s'envoient ce jour-là diverses pâtisseries.

Le cerf-volant fait le divertissement du neuvième mois, le Cou-Youit, car c'est à cette époque que commencent les vents du nord-est. Ces jouets sont faits avec beaucoup d'art, et représentent des objets animés, tels que des oiseaux, des serpents ou des crocodiles. A la partie supérieure du cerf-volant est fixée une légère baguette en bambou auprès d'un fil fortement tendu. L'appareil étant lancé dans l'air, cette baguette est mise en mouvement par l'effet du vent, et frappe le fil qui vibre en produisant un son d'une espèce particulière. On prétend que ce son produit le mot *fou-yan*, et voici la légende sur laquelle se fonde cette opinion. Deux rois vivaient dans une antiquité reculée, l'un connu par sa bonté et l'autre par la haine qu'il inspirait. Comme il est rare que la bonté puisse exister paisiblement auprès d'un méchant, le mauvais roi s'empara des Etats de son voisin, et, l'ayant fait prisonnier, se disposa même à le faire mourir. Un cachot renfermait l'infortuné monarque, qui n'attendait plus que la mort, lorsque son vainqueur, éveillé la nuit par un vent violent du nord-est, crut entendre le mot *fang* (prends garde à toi) se répéter au milieu des mugissements de l'air; en même temps le nom de son prisonnier lui apparut gravé sur le plancher de sa chambre. A ces signes certains du courroux des divinités, le roi reconnut ses torts, renonça à ses projets meurtriers et rendit même la liberté à son prisonnier. Telle est cette fable : ajoutons qu'on n'oublie pas de lancer un cerf-volant en l'honneur du bon roi. L'usage de brûler du papier doré et argenté s'applique aussi aux hommages que l'on rend au dieu du feu, Vack-Uhong ou Fo-Shan. On le dépeint d'une taille gigantesque et avec trois yeux grands et hideux. Les papiers brûlés en son honneur portent les noms de ceux qui implorent la protection de la divinité ; les autres offrandes consistent en lampes, en lanternes et en comestibles. Ces cérémonies s'accomplissent souvent dans des bateaux élégamment illuminés, et au son des tam-tams. Par une nuit sombre, le coup d'œil que présentent toutes ces embarcations éclairées est extrêmement joli.

Plusieurs Européens ont confondu cette divinité avec le démon, ce qui les a conduits à penser que les Chinois adoraient l'esprit du mal. Au reste, il se peut que des Chinois, pour exprimer la terreur que le feu leur inspirait, l'aient qualifié de démon, ce qui aura causé leur méprise. Quoi qu'il en soit, cette terreur est bien naturelle, car le feu occasionne d'affreux ravages en Chine, ce qui ne peut guère être autrement dans un pays où il n'existe aucune police contre les incendies. C'est pour ces raisons que les Chinois ont une grande vénération pour Vack-Huong; les gens riches surtout lui apportent de nombreuses offrandes, qui sont déposées sur des tables décorées, et une fois les cérémonies achevées, ces différents mets sont distribués aux pauvres.

Un grand nombre de fêtes sont portées au calendrier chinois pour le Tong-Chi-Chan-Youit, dixième mois, mais comme c'est précisément l'époque où les étrangers affluent à Canton, le gouvernement, qui redoute tout ce qui peut occasionner des troubles, a remis la célébration de ces fêtes au cinquième mois, la ville étant peu fréquentée dans cette saison. Je crois nécessaire de faire remarquer ici que toutes les fêtes qui appartiennent aux douze mois de l'année sont des solennités religieuses; aussi leurs cérémonies ont-elles lieu dans l'intérieur des pagodes, et les frais qu'elles occasionnent se couvrent au moyen de souscriptions particulières; le mépris accueillerait celui qui se montrerait avare en ces circonstances. Quant aux autres divertissements publics, le gouvernement n'en donne pas; quelquefois cependant le vice-roi de Canton ou quelques riches mandarins font représenter des pièces sur des théâtres en bambous que l'on élève exprès devant leurs demeures ; l'entrée à ces représentations est libre et gratuite.

Chaque pagode est habitée par une divinité du second ordre, et c'est au vingt-cinquième jour du dixième mois que ces divinités remontent au ciel pour rendre compte de leurs travaux à Djose-Youck-Chi, la principale divinité. Au quinzième jour de la nouvelle année, les rapports doivent être terminés, et les divinités redescendent ici-bas pour veiller aux affaires de ce monde. C'est pendant le temps de cette absence que toutes les réparations se font aux pagodes ; les objets du culte sont renouvelés ou mis à neuf ; en un mot, on fait des efforts pour recevoir dignement les célestes hôtes. Si par malheur les prêtres ne remplissaient pas exactement ces devoirs, le peuple est persuadé que les plus grandes calamités en seraient la suite certaine. Disons enfin, pour compléter la description des solennités du dixième mois, que c'est alors que les négociants dont les spéculations ont réussi adressent des actions de grâce à Tso-Pack-Sing, divinité qui a beaucoup d'analogie avec le Mercure des Grecs, si ce n'est que le Mercure chinois ne protége pas les voleurs.

La seconde et la meilleure récolte de riz se fait au onzième mois, le Chap-Yat-Youit, dédié au dieu Tay-Say, qui comme la Cérès des Grecs protége les moissons. Des gâteaux faits avec le nouveau riz, ainsi que d'autres mets, sont des présents que se font alors les amis. La cérémonie religieuse qui a lieu à l'arrivée de cette saison est bizarre; on commence par apporter dans le temple de grandes terrines de riz cuit en offrande au dieu; dont une partie se répand devant l'idole; ceci fait, les prêtres s'arment de bambous et en frappent l'air à coups redoublés, ce qui termine la cérémonie. Les Chinois pensent apparemment que Tay-Say fait autant de cas du bambou qu'eux-mêmes; aussi le représentent-ils tenant un bambou dans une de ses mains, tandis qu'il tient dans l'autre une charrue traînée par un buffle; un seul de ses pieds est chaussé. Les Chinois croient que si ce dieu leur apparaissait en songe avec ses attributs, ce serait un signe certain de mauvaise moisson.

Il ne me resterait plus pour achever la description complète des fêtes de l'année chinoise qu'à décrire celles du Chap-Si-Youit, le douzième mois; mais comme elles ont une grande ressemblance avec les précédentes, nous croyons devoir omettre ces détails, pour éviter des répétitions.

CHAPITRE X.

Idées des Chinois sur la Création, le Déluge et l'Être-Suprême. — Pack-Tay, protecteur des cités. — Divinités du second ordre. — Entretien des ministres du culte. — Monastères. — Sectaires. — Haine contre le christianisme. — Idées des Chinois sur une autre vie. — Influence du Shing-Schang. — Fiançailles et mariages. — Funérailles.

Il est un fait bien remarquable; c'est que les croyances des Chinois sur la création et le déluge sont presque entièrement conformes au texte de la Genèse; pour le déluge surtout il n'y a de différence marquante que dans le lieu où ceux qui échappèrent au désastre trouvèrent un abri. Suivant les Chinois, qui croient que leur pays est le plus élevé du monde, c'est sur une montagne de la Chine que les restes de l'espèce humaine se réfugièrent. Le grand Djose, ou Youck-Chi, est l'Être-Suprême des Chinois : la vénération qu'il inspire est telle que la mort frapperait celui qui serait assez hardi pour en faire une statue. Quant aux images, le dieu est moins sévère; aussi les Chinois en ont-ils souvent où il est représenté tenant l'indicateur de la main droite sur l'auriculaire, avec le troisième doigt plié autour de ce dernier et le pouce posé par-dessus, position sans doute très singulière et surtout très incommode. Sa main gauche tient un sceptre. Le genre humain doit redouter extrêmement le jour où le grand Djose ouvrira sa main droite, car ce doit être alors le signal de la fin du monde. Disons quelles sont les idées des Chinois sur la création. D'abord l'Être-Suprême créa le monde parfaitement rond et uni; après quoi il le frappa de son sceptre tout-puissant, et des montagnes s'élevèrent tandis que des vallées se creusaient pour donner passage aux sources d'eau douce qui surgissaient de terre; enfin de vastes mers vinrent envelopper les continents et les îles. Après avoir accompli cette œuvre immense, Djose envoya douze esprits aux extrémités de la Chine pour veiller à son bonheur; ces divinités protectrices continuent à s'occuper de ces fonctions bienfaisantes; mais malheur à la province dont les habitants se corrompent; les esprits ne tardent pas à s'en éloigner et les calamités viennent fondre sur un peuple indigne de la protection des dieux. Nous avons dit qu'aucune statue ne représente l'Être-Suprême, nous ajouterons encore qu'il n'a point de temple; autrefois les Chinois, ignorants de la volonté du dieu et voulant lui montrer leur vénération, bâtirent un temple au grand Djose, mais par là ils provoquèrent toute sa colère; le temple fut détruit de fond en comble par la foudre qui n'épargna pas même ceux qui l'avaient édifié. Si l'Être-Suprême est aussi irascible, Pack-Tay, son premier ministre, le protecteur des cités, est moins sévère; aussi un magnifique temple lui a-t-il été dédié dans lequel on voit la statue gigantesque du dieu. Cette statue est représentée assise, la main droite sur la poitrine et les doigts pliés comme ceux de la main du grand Djose; un enfant est assis sur l'extrémité de cette main; sous son pied droit est une vipère verte, une tortue est sous son pied gauche; sa tête enfin est découverte et ses cheveux sont flottants. Voici l'explication de ces divers attributs. Lorsque Pack-Tay fut élevé au rang de demi-dieu, à l'âge de trente-six ans, et chargé de gouverner les morts, c'était un homme simple et vertueux qui bornait ses plaisirs aux soins qu'il donnait aux animaux, et principalement à la vipère et à la tortue qu'il affectionnait particulièrement. Telle est donc la raison pour laquelle on le représente avec ces deux animaux. Quant à l'état flottant de sa chevelure, il provient de ce que Pack-Tay, s'étant baigné dans un lac, faillit s'y noyer et ne dut d'abord son salut qu'à sa chevelure qui, embarrassée dans les branches d'un *mandarinier* (25), le retint sur l'eau jusqu'au moment où un canard vint l'en retirer. Si vous voulez vous rendre Pack-Tay favorable, hâtez-vous de lui offrir des canards, des oranges, du riz et du vin.

Huit autres demi-dieux se trouvent sous les ordres de Pack-Tay; ce sont Van-Hiun-Chouy, le dieu des pluies; Loveck-Long, le dieu du tonnerre; Ching-Chine-Young-Mou, la déesse des nuages, représentée sous les traits d'une jeune fille d'une beauté inaltérable; Tong-To, le protecteur des moissons; Long-Tchane, le Morphée des Chinois; Mung-Tcho ou Fang-Schan, le dieu des vents, le dieu des rivières et des lacs, et enfin celui qui préside aux couches des femmes; il tient en même temps registre des naissances et des décès. Le dieu des pluies est représenté monté sur deux roues qui indiquent la rapidité avec laquelle les pluies inondent la terre; un mouchoir de couleur verte est dans l'une de ses mains; il s'en sert pour répandre les eaux; dans son autre main se trouve un mouchoir rouge; c'est par lui que la pluie cesse et que la sécheresse remplace l'humidité. C'est à ces notions succinctes que je bornerai ce que je me suis proposé de dire sur la mythologie chinoise; de plus amples détails m'entraîneraient bien au-delà des bornes de cet ouvrage et exigeraient une connaissance approfondie de la langue chinoise.

Nous avons déjà dit que les fêtes religieuses se célébraient au moyen de dons volontaires; c'est aussi de cette manière que l'on pourvoit à l'entretien des ministres du culte et des temples eux-mêmes; dans aucun cas ce n'est le gouvernement qui supporte les charges; mais au reste les offrandes sont abondantes, et nombre de riches particuliers se privent de leurs terres pour en faire don aux prêtres, à la charge de pratiquer certaines cérémonies en faveur du donateur. En outre chaque pagode a une étendue de terrain considérable, et la quantité de riz et de légumes qui s'y récolte est telle que non-seulement les prêtres et les moines y trouvent leur subsistance, mais qu'ils en vendent assez pour amasser souvent de grandes richesses. Ces moines sont nombreux en Chine, et l'on y trouve également des couvents de religieuses; mais, d'après ce qui m'a été dit, il règne dans les uns comme dans les autres une dépravation de mœurs extrême. La nation subvenant donc avec générosité à l'entretien des prêtres, et la rigidité des mœurs n'étant pas exigée, on conçoit qu'il doit y avoir beaucoup d'aspirants à cet état; mais si d'un côté cette carrière est lucrative, d'un autre elle est entourée de si peu de considération que beaucoup de gens s'en éloignent. Ajoutons cependant qu'il y a à cela des exceptions; aussi les prêtres qui se distinguent par une conduite exemplaire acquièrent-ils une grande influence.

Il n'y a point en Chine, à proprement parler, de religion de l'Etat; la secte qui en tient lieu est celle de Bouddha-Fo, dont il a été déjà fait mention; encore ne jouit-elle d'une certaine protection qu'à raison du grand nombre des sectaires. Quant aux autres sectes, qui sont nombreuses, elles sont toutes persécutées. C'est le culte de Bouddha que suit la famille impériale; on sait qu'il admet la transmigration des âmes; aussi les sectaires rigides ont-ils garde de manger des animaux; ils évitent même de leur faire le moindre mal et ne sé nourrissent que de végétaux. Mais de toutes les religions, c'est le christianisme que le gouvernement hait le plus; il le considère comme un fléau, et ceux qui lui appartiennent doivent éviter de le faire paraître, car ils auraient à redouter de cruelles persécutions. Quant au mahométisme, il est défendu dans de certaines provinces et toléré dans d'autres. Il existe aussi des Bouddhistes qui ont adopté certaines pratiques musulmanes; c'est alors un mélange des deux religions.

Il paraît qu'un assez grand nombre de Chinois croient à l'immortalité de l'âme et à une autre vie; mais, au reste, tous ceux avec qui j'ai pu causer de ces matières se perdaient tellement en raisonnements diffus sur la forme que l'âme doit revêtir en passant dans un autre monde que je ne puis préciser mon opinion à cet égard. Nous avons dit précédemment la foi qu'ils ont aux contes les plus absurdes, et rien en effet ne saurait surpasser leurs superstitions touchant le pouvoir des sorciers, des esprits et des satyres. En voici un exemple : le comprador qui m'était attaché vint me trouver un jour pour me conter, avec toutes les marques de la plus grande terreur, qu'un vieillard à barbe blanche s'était montré dans la cour de sa maison, dont la porte sur la rue était fermée; « alors, ajouta-t-il, je m'avançai vers le fantôme et le décidai à se retirer en passant par le trou de la serrure. » Je ris beaucoup de son histoire; mais lui qui y croyait fermement le trouva fort mauvais, se mit dans une violente colère et me témoigna le plus grand étonnement de mon incrédulité.

Parmi les superstitions des Chinois n'oublions pas le shing-shang, qui y joue un des principaux rôles. Ce nom signifie astrologue, et ce personnage est consulté dans toutes les occasions importantes; car les Chinois pensent qu'une influence surnaturelle règle le cours entier de la vie. Toutes les fois qu'on a recours aux lumières du devin, il est d'usage d'offrir un sacrifice aux pénates de la maison. A la naissance d'un enfant, c'est encore le shing-shang qui est appelé. Mais pour bien décrire ce qui se pratique en cette circonstance, commençons par noter qu'il est d'usage de compter à l'enfant un an d'âge à partir de sa naissance, ce qui provient de ce que les Chinois supposent les grossesses de douze mois. Après cela on inscrit avec le plus grand soin toutes les circonstances de la grossesse de la mère, ainsi que le moment où l'enfant a vu le jour. Le shing-shang arrive ensuite ; une grande feuille de papier rouge lui est présentée pour qu'il y consigne à son tour ses observations ; lorsqu'il les a confiées au papier, il ne lui reste plus qu'à se rendre à la pagode pour consulter le dieu sur les signes de bonheur ou de malheur dont l'enfant est marqué, ainsi que sur l'âge où il conviendra de le marier. Dans beaucoup de famille il y a un astrologue de la maison, qui remplit en même temps les fonctions d'instituteur ; c'est à lui qu'on a recours dans toutes les circonstances importantes, et les avis qu'il donne sont reçus avec les témoignages de la plus grande vénération, car il est censé avoir puisé ses lumières dans d'anciens livres dont les shing-shangs ont seuls la clé. Le métier d'astrologue est donc un bon état en Chine, et l'ignorance générale de la nation leur fournit d'abondantes occupations.

C'est encore l'astrologue qui intervient dans la conclusion des mariages, qui s'arrangent ordinairement lorsque les futurs époux n'ont encore que de quatre à sept ans. Aussitôt donc que le shing-shang a émis son opinion, la parente la plus âgée se rend auprès de la famille à laquelle on désire s'allier, pour la sonder ; si les propositions paraissent convenir, le mystère est mis de côté et les négociations se poursuivent à découvert. Alors la partie qui propose envoie un présent de feuilles ou de noix de bétel préparées avec de la chaux; ce bétel est destiné à être présenté avec le thé à la signature du contrat, et mâché par les parents des futurs époux; cérémonie indispensable et sans laquelle le contrat n'aurait aucune valeur. Ce contrat ou tchope ([26]) doit contenir les noms des pères, oncles et grands-oncles des futurs avec indication de leurs professions ; on doit y spécifier aussi si les futurs sont les propres enfants des parents désignés ou seulement leurs enfants adoptifs; ajoutons que toutes ces exigences de la loi s'esquivent facilement moyennant un présent à faire au shing-shang. Le contrat signé, les parents du futur envoient des présents à la fiancée ; ce sont des pierreries montées en or et en argent et formant des parures de tête, des bracelets, etc.; je ne décrirai en détail, ni les présents, ni toutes les cérémonies qui précèdent le jour des noces, de crainte de tomber dans une nomenclature fastidieuse. Je crois devoir ajouter pourtant que, lorsque les parents du futur sont riches, ils parcourent processionnellement la ville quelques jours avant le mariage, précédés de musiciens et portant les présents qu'ils destinent à la fiancée ; les objets sont placés sur des brancards richement dorés. Le jour même de la noce, une procession pareille est faite par les parents de la future.

Quand, après tous ces préliminaires, le moment de transporter la fiancée chez son époux, qui ne l'a point encore vue, est arrivé, on la place dans une chaise-à-porteur fort riche, couverte et fermant à clef. A peine y a-t-elle été déposée que la porte en est fermée et la clef envoyée incontinent au futur époux ; puis des porteurs habillés de rouge enlèvent la chaise et se dirigent vers la demeure. Nous avons dit que les futurs époux ne peuvent se parler ni même se voir avant le mariage ; aussi que d'incertitudes sur les suites d'une union pareille ! Les Chinois paraissent le comprendre eux-mêmes, car d'abondantes larmes sont répandues de part et d'autre à la séparation d'une jeune fille d'avec ses parents. J'ai eu l'occasion d'assister à une scène pareille, et l'émotion que j'éprouvai fut grande. La jeune fiancée avait environ quinze ans, mais ses pieds étaient tellement déformés et petits qu'une servante était chargée de la transporter d'un endroit à un autre. Toute cette famille paraissait profondément émue; le père et les parentes fondaient en larmes, et il fallut employer la violence pour arracher la jeune fille des bras de ses parents. Celle-ci semblait aussi chagrine de son côté, et j'appris ensuite que ces marques de tristesse se prolongeaient souvent plusieurs jours après le mariage. Quant à moi, je dois dire qu'à l'aspect du spectacle dont j'étais témoin j'aurais cru assister à une cérémonie funèbre plutôt qu'aux apprêts d'un hyménée.

La singulière manière dont se font les mariages en Chine exerce une grande influence sur les mœurs de la nation; en effet, il arrive souvent qu'un jeune mari, allié de la sorte à une femme qu'il n'a jamais vue et qu'il est censé devoir aimer par la suite, la prend au contraire en aversion; dès lors l'abandon ne tarde pas à suivre. Il s'adonne au jeu et à la boisson, et se console de ses chagrins domestiques au milieu de concubines, sur le choix desquelles ses parents n'ont plus alors aucune influence. Au reste en plaignant les femmes chinoises il serait à craindre de donner dans l'exagération; car leurs idées sont à cet égard entièrement différentes des nôtres, et l'amour tel que nous l'entendons leur est inconnu, c'est-à-dire qu'elles semblent ignorer qu'il doit puiser dans le cœur ses principaux charmes; la cause réelle de ce manque de délicatesse est sans doute dans le manque d'éducation.

Plusieurs grands dîners suivent ordinairement le mariage; ce sont les père et mère des mariés qui les donnent aux parents et aux plus intimes connaissances. C'est dans ces occasions qu'il est permis de voir la nouvelle mariée, mais il n'y a que les plus proches parents qui aient le droit de lui parler. J'ai été invité une fois à un dîner semblable avec deux autres Européens. Le marié, fier de la beauté de sa femme, qui vraiment était charmante, fit tous ses efforts pour nous la faire admirer en plaçant une lumière de manière à bien éclairer les traits de son visage, puis il la posa par terre pour nous faire voir la petitesse de ses pieds, qui était telle que la malheureuse était obligée de s'appuyer sur deux suivantes pour ne pas perdre l'équilibre. Cette jeune femme ne me parut point embarrassée, quoiqu'elle baissât les yeux par décorum quand un de nous l'approchait; néanmoins la curiosité finit par prendre le dessus, et elle jeta sur nous quelques regards à la dérobée, pour se rendre compte sans doute de ce que pouvaient être des Fan-Quay (27), qui sûrement lui avaient été dépeints comme des monstres hideux. Ses yeux étaient noirs et vifs, et c'est là la plus jolie Chinoise que j'aie eu l'occasion de voir hors de la classe du peuple : généralement elles sont loin d'être belles. Celle-ci appartenait à une famille peu riche, et les parents de son mari ne la choisirent qu'à cause de sa beauté ; exemple à citer comme très rare dans un pays où tous les mariages sont fondés sur l'intérêt (28).

Pour terminer l'article mariage, j'ajouterai que les fêtes, les dîners et les spectacles se prolongent pendant plusieurs jours, jusqu'à ce que tous les parents aient été fêtés convenablement. Ces spectacles qui sont d'usage en pareilles circonstances, dispensent les maîtres de maisons des frais de conversation, ce qui est fort commode pour eux ; mais quand même il n'y aurait pas de spectacles, le résultat n'en serait pas moins le même, attendu que les musiciens font ordinairement un tel vacarme qu'il est impossible de s'entendre. Faisons observer enfin que tous les habillements employés dans les cérémonies de noces doivent nécessairement être de couleur rouge.

Ce n'est point à l'occasion des mariages que les Chinois déploient tout leur luxe ; ils le réservent pour l'instant où la vie s'éteint dans l'homme, et de riches familles dépensent en funérailles de 10 à 15,000 piastres (de 45,000 à 67,500 fr.). L'enterrement du corps n'a point lieu sans l'intervention de l'astrologue qui doit désigner le lieu de la sépulture. S'il déclare que ses calculs ne permettent pas de le faire immédiatement, on se hâte d'embaumer le corps, qui est déposé dans un cercueil en plomb, et transporté ensuite dans un lieu affecté à cet usage, pour y être conservé jusqu'au moment où l'astrologue désigne enfin l'endroit où il doit être enterré. Ces délais se prolongent souvent durant des années, pendant lesquelles le shing-shang est toujours censé consulter les livres du destin ; en même temps, de nombreux sacrifices sont offerts aux dieux pour se les rendre favorables. Pareille chose arriva à la mort de Pu-han-Kai-Qua, dont j'ai eu occasion de parler ; son corps attendit durant plusieurs années, après lesquelles le devin décida que le fils cadet du défunt transporterait le corps à Fo-Kien.

Pendant la durée du séjour du corps dans le lieu consacré, il reçoit les mêmes honneurs que s'il reposait dans la tombe. Quant à l'importance que les Chinois attachent au lieu de la sépulture, elle provient de ce qu'ils y joignent des idées de félicité pour le mort dans une autre vie, et pour les parents du mort dans celle-ci. Aussi emploie-t-on de fortes sommes à élever de superbes mausolées qui occupent de grands espaces, et sont entretenus avec le plus grand soin, la loi punissant sévèrement à cet égard la moindre négligence. J'ai fait une singulière remarque sur cet objet ; c'est qu'en Chine ce ne sont point les vivants qui sont placés le plus avantageusement sous le rapport de la salubrité et de l'agrément ; au contraire les vivants y habitent généralement les lieux bas et marécageux, tandis qu'ils déposent leurs morts dans des endroits secs, bien aérés, et entourés souvent des plus beaux points de vue.

Les tombeaux chinois sont en forme de croissants sur lesquels sont tracées des inscriptions en lettres rouges ; quant à leurs dimensions elles varient suivant la fortune des parents du défunt ; mais les plus pauvres placent une pierre avec inscription en caractères rouges à l'endroit de la tête du mort.

CHAPITRE XI.

Rapport entre les caractères et les coutumes des Chinois de toutes les classes. — Langage et éducation. — Chinois laborieux et économes. — Le mandarin des pauvres. — Anecdote. — Police de Canton. — Adresse des voleurs. — Usuriers. — Premières relations commerciales avec l'Europe. — Prohibitions. — Négociants du hong. — Relation de famille.

Les Chinois de toutes les classes, riches et pauvres, ont les mêmes usages, le même costume, et se livrent aux mêmes pratiques extérieures; leurs esprits même se ressemblent ; en un mot, il n'y a de différence parmi eux que celle qui résulte naturellement de la richesse ou de l'élévation du rang. Pour ce qui est de l'éducation, nous avons dit à quel point elle était arriérée comparativement à l'éducation européenne; mais quant aux classes pauvres, l'instruction dont elles sont susceptibles y est peut-être plus générale qu'en Europe; c'est au point qu'il n'y a que des individus de la classe la plus misérable qui ne sachent pas lire et écrire ; mais là se borne l'éducation chinoise, car ils n'ont aucune idée de celle dont le but est d'orner et d'éclairer l'esprit.

On assure que la langue chinoise a plus de soixante mille signes ou lettres, dont la moitié n'est pas en usage, et la majeure partie des autres ne s'emploie que pour traiter de l'interprétation des lois et de quelques matières spéciales, d'où l'on pourrait conclure que le nombre des signes calligraphiques employés habituellement n'est pas considérable ; cependant un lettré ne peut aspirer au titre de *savant* à moins de connaître quinze ou vingt mille lettres, ce qui exige à peu près la moitié de la vie commune. L'art de lire et d'écrire que possède généralement la classe pauvre, comme je viens de le dire, consiste à connaître un certain nombre de signes suffisants pour des opérations de négoce ou pour exprimer les divers procédés d'un art ; aussi, ceux qui ne connaissent que les signes qui sont indispensables à leur état ont souvent recours à un shing-shang qui les aide de son érudition. L'instruction de la classe pauvre, si vantée par certains voyageurs, se borne donc à fort peu de chose : tout consiste pour eux à retenir un certain nombre de figures bizarres, suffisant à peine à exprimer les rapports les plus simples de la vie. Mais il est un autre usage bien funeste auquel ils emploient la lecture; c'est à lire des livres immoraux dont la composition suppose les penchants les plus dépravés; ces livres sont à la vérité défendus par les lois, mais les libraires parviennent à se soustraire à la prohibition et à les vendre publiquement, moyennant une légère rétribution à payer à l'inspecteur de police du quartier. Si ces éléments d'instruction sont aussi généralement répandus chez les Chinois, cela provient de leur application naturelle, de ce qu'il est dans le caractère de cette nation de chercher à se procurer une modeste aisance par un travail soutenu; enfin, de ce que le nombre des shing-shang est grand, de sorte que les parents peuvent faire enseigner la lecture et l'écriture à leurs enfants à très peu de frais. Il y a sans doute des exemples de paresse et de dissolution parmi le peuple, mais j'ose affirmer qu'ils sont plus rares en Chine qu'en Europe, et que le nombre des débauchés est bien minime eu égard à la population.

Comme il n'existe pas d'hospices où les pauvres soient recueillis et soignés, rien ne s'oppose à la plaie du paupérisme; aussi voit-on des troupes entières de mendiants, dans un état de nudité presque complète, errer par les rues de Canton, et y périr quelquefois de misère ou d'inanition. Ces réunions de vagabonds se composent ordinairement de cinq à vingt individus, qui ont soin d'annoncer leur approche par un vacarme horrible de chansons, accompagnées de tam-tam et de cymbales; le bruit redouble principalement auprès des demeures des riches marchands, qui, pour se délivrer de ces hôtes repoussants et incommodes, leur donnent toujours quelques monnaies. Ces êtres dégoûtants ne se contentent pas d'exposer aux regards les plaies les plus repoussantes, mais beaucoup parmi eux se font encore des entailles dans diverses parties du corps pour mieux mériter de la charité du public.

Ceci me donne l'occasion de citer un nouvel exemple de la vénalité des agents de l'autorité. Un mendiant qui passait un jour devant ma maison y tomba accablé de lassitude et mourant de faim : en sortant je lui donnai quelque argent; mais comme il était incapable de faire un seul pas, mes gens reçurent l'ordre de lui apporter des aliments. Le soir cependant je retrouvai le malheureux au même endroit, et mes gens me dirent qu'ils n'avaient pas obéi à mes ordres dans la crainte que cet homme ne mourût et qu'ils ne fussent ensuite responsables de sa mort. Je les forçai pourtant à lui porter du riz; mais il était trop tard, car le mendiant ne tarda pas à expirer. Aussitôt je m'empressai de prévenir le mandarin des pauvres, sans lequel, comme je l'ai déjà dit précédemment, on ne pouvait pas enlever le corps, et j'obtins qu'on l'enlèverait moyennant dix piastres. Le propriétaire de la maison, en apprenant ce qui s'était passé, vint me trouver pour me restituer cet argent et me témoigner toute sa reconnaissance, en ajoutant que s'il avait dû traiter directement avec le fonctionnaire il n'en aurait sans doute pas été quitte pour trente piastres.

Je dois pourtant rendre justice aux mesures de police établies pour la sûreté des rues de Canton pendant la nuit. Chaque rue a une porte que l'on ferme exactement à huit heures du soir; des gardiens s'y tiennent et ne l'ouvrent aux personnes qui se présentent qu'autant que celles-ci sont pourvues d'une lanterne sur laquelle est inscrit le nom du propriétaire de la maison que la personne habite. Outre ces gardiens salariés par l'Etat, il y a encore un gardien particulier préposé à chaque rue, lequel est entretenu par les habitants, mais cependant confirmé dans ses fonctions par les autorités de la ville. Ce qui aide encore à la bonne police de Canton, c'est que chaque propriétaire est responsable des personnes qui habitent sa maison.

D'après ces sages mesures on serait porté à supposer que les vols avec effraction doivent être rares, et pourtant l'habileté des voleurs chinois est telle que ces accidents se répètent fréquemment. Ce qui d'ailleurs favorise beaucoup les voleurs, c'est la construction même des maisons et des magasins, qui, couverts d'une simple toiture en tuiles, qu'il est bien aisé d'enlever, n'ont point de plafond et sont à un seul étage. Lorsqu'ils veulent donc commettre un vol, leur premier soin est d'escalader une muraille; une fois sur le toit, ils passent ainsi d'une maison à l'autre jusqu'à celle qui tente leur cupidité; quelques tuiles sont alors enlevées, les voleurs descendent dans l'intérieur et enlèvent souvent de cette manière des quantités considérables de marchandises sans que le moindre bruit ait signalé leur présence. On m'a assuré, au reste, que ces malfaiteurs étaient en pareils cas de connivence avec les gardiens des rues, qui n'en continuent pas moins, durant ce temps, à donner des preuves de vigilance, en indiquant les heures par des coups qu'ils frappent avec les bambous dont ils sont armés. Pour mieux échapper aux poursuites, lorsque les voleurs pénètrent ainsi dans les maisons, ils ont souvent le soin de se dépouiller entièrement de leurs vêtements et de se frotter d'huile, de sorte qu'il est presque impossible de les saisir, quand bien même on serait instruit de leur présence. Mais ce n'est pas seulement à l'audace des malfaiteurs que les Chinois attribuent leurs trop fréquents succès; ils prétendent encore que les voleurs font usage de certaines fumigations narcotiques dont l'effet est si puissant que, lors même qu'on verrait enlever ses effets, on serait dans l'impossibilité de s'y opposer. Ce fait m'a été rapporté par un riche marchand de ma connaissance, qui me le raconta et m'assura qu'il en avait été victime lui-même. Si les voleurs de nuit et en grand sont aussi habiles, leurs confrères les voleurs de jour ne leur cèdent pas en adresse. J'ai vu moi-même un passant dévalisé de tout ce que contenaient ses poches, et ses poches mêmes retournées sans qu'il eût eu le temps de s'en apercevoir. Enfin la classe complémentaire des *receleurs d'objets volés* existe aussi, et il est rare qu'on parvienne à leur faire restituer le produit des vols; ils se renferment ordinairement dans un système de dénégation qui ne cède souvent qu'aux tortures de la question.

Le nombre des prêteurs sur gages est très considérable à Canton, et parmi eux ceux qui spéculent en petit font aussi très souvent le métier de receleurs. Tous les prêteurs paient patente au gouvernement pour exercer leur état, et ils remplacent en Chine les banques d'Europe, avec la différence qu'en Chine les règlements qui régissent la matière sont si vicieux que ces prêteurs au lieu d'être utiles au pays lui nuisent considérablement. Les principaux d'entre eux possèdent de grands capitaux qu'ils avancent en prenant des hypothèques sur des marchandises, et moyennant un intérêt qui se règle d'un commun accord. La plupart d'entre eux donnent moins du tiers de la valeur à laquelle ils estiment eux-mêmes les marchandises, ou bien le prix courant le plus bas, en exigeant des intérêts exorbitants, surtout lorsqu'ils voient que l'emprunteur à besoin d'argent. Ces intérêts s'élèvent de 15 jusqu'à 20 pour 100, et s'ils ne sont pas remboursés à terme, les marchandises deviennent la propriété du prêteur. Les avances se font sans indiquer dans l'acte le nom de celui qui emprunte, de sorte que l'objet engagé se restitue ensuite au porteur du reçu, sans examiner s'il y a identité de personnes. On a vu des négociants embarrassés dans leurs affaires, forcés de recourir à des emprunts onéreux, y recourir encore plusieurs fois dans l'espoir de se remettre au niveau de leurs engagements, et succomber enfin à une ruine complète, tellement la législation a peu songé à garantir l'emprunteur contre un prêteur empressé à s'approprier le restant de sa fortune. Aussi, avec un manque aussi complet d'institutions bienfaisantes et des abus aussi monstrueux, aurait-on de la peine à s'expliquer l'étendue du commerce extérieur de la Chine, surtout avec l'archipel Indo-Chinois, sans le caractère patient, économe et laborieux de ce peuple, qui parvient à surmonter d'aussi grandes difficultés et même à augmenter ses richesses.

C'est dans le port d'Imoa, dans la province de Fokien ou Fu-Tsane, que s'ouvrirent les premiers rapports entre les Européens et les Chinois, et il est très probable que ce commerce durerait encore sans l'atteinte que lui portèrent quelques négociants et le désir d'établir un monopole à Canton (29). Dès lors le commerce européen commença à s'établir dans cette ville au milieu des vexations les plus grandes et des humiliations les plus offensantes; puis la Compagnie chinoise s'organisa d'après l'avis de Pühan-Kai-Qua, cet administrateur célèbre dont nous avons eu occasion de parler. Mais c'est de Fo-Kien que le thé fut apporté pour la première fois en Europe, et le nom de thé vient sans doute de ce qu'on nomme cet arbrisseau *tey* dans le Fo-Kien, tandis qu'à Canton il s'appelle *tcha*.

On concevra sans peine qu'un gouvernement aussi faible et aussi soupçonneux que celui qui existe en Chine a dû prêter les mains avec joie à l'établissement d'un monopole qui lui fournissait les moyens de surveiller le commerce européen sans s'exposer à une rupture? Affectant en outre la ville de Canton à ce commerce, c'était la placer sous l'inspection d'un vice-roi pourvu de tous les moyens de percevoir régulièrement les droits de douane, et de faire respecter les règlements. Puis, en établissant la compagnie du hong, le gouvernement s'est ménagé de nouvelles garanties d'ordre, car il la rendit responsable de la conduite des commerçants européens. Pour la majeure partie des marchandises, c'est la compagnie qui possède à elle seule les droits d'importation et d'exportation; elle paie pour cela de certains droits (30). Les marchandises que le hong n'a pas le droit d'exporter sont le cuivre, l'étain, le fer, le salpêtre, le sel et la poudre.

Un très grand nombre de marchandises sont prohibées, et cette mesure, dont le but a probablement été de protéger l'industrie du pays, n'a fait qu'ouvrir une large carrière aux malversations et à la contrebande, qui est devenue l'industrie la moins dangereuse et la plus lucrative. Il en est de même de la compagnie du hong que le monopole devait soustraire à toute rivalité, et en ceci encore il y a eu erreur par la corruption des membres de la compagnie. En effet les Européens achètent souvent des marchandises chez des marchands à des prix plus avantageux que ceux de la compagnie, pour les faire exporter ensuite par quelques membres peu riches du hong, auxquels ils paient aussitôt le montant des droits, que le gouvernement n'exige que dans un délai de douze mois; ce plan a fait beaucoup de tort à la compagnie du hong.

Plaçons ici pour terminer ce qui nous reste à

dire des coutumes du pays, quelques observations que j'ai été à même de recueillir sur cet objet. Lorsqu'un père en mourant laisse un fils majeur, c'est à lui que passe l'autorité dont la loi investit les pères de famille; mais si l'aîné des fils était encore mineur, ces droits passeraient au plus proche parent paternel ou maternel. Si des parents sont dans la misère ou si des infirmités les empêchent de pourvoir à leur entretien, ce sont les enfants qui en sont chargés. On voit quelquefois des enfants continuer à habiter sous le même toit après la mort de leurs parents; mais cependant il est rare que la bonne intelligence continue à subsister au-delà de l'époque du partage, et si l'héritage est considérable les neveux viennent encore accroître les embarras et les dissensions.

CHAPITRE XII.

Chinois peu voyageurs. — Vanité. — Cause du manque de puissance nationale. — Analogie des coutumes. — Architecture des maisons particulières. — Ornements des jardins. — Illuminations et feux d'artifice. — Fruits et légumes. — Marchés et denrées. — Soya. — Confitures.

Les Chinois sont généralement curieux d'apprendre ce qui se fait en Europe et pourtant ils connaissent très peu leur propre pays ; c'est au point que parmi le grand nombre de mes connaissances en Chine, deux ou trois seulement avaient été à Pékin. Peut-être le gouvernement s'oppose-t-il à des déplacements sans but, ou plutôt qui peuvent en cacher de dangereux ; c'est ce que j'ai été tenté de supposer en remarquant qu'il n'y avait que les négociants et les hommes en place qui voyageassent et encore pour leurs affaires. Les Chinois n'ont donc idée que de ce qui se passe sous leurs yeux, ce qui pourtant ne les empêche pas

Lith Formentin & Cie

FEMME DE MANILLE.

d'affirmer très positivement que rien dans le monde n'égale la perfection à laquelle ils sont parvenus en toute chose. J'en citerai pour exemple les regards de mépris que jetaient les Chinois sur les manœuvres des troupes anglaises, lorsqu'elles séjournèrent à Macao. Aucun raisonnement ne parvint à leur faire comprendre les immenses avantages des armes et des combinaisons stratégiques des armées européennes sur l'ignorance de leurs soldats, armés de lances, de flèches et d'arquebuses. Quelquefois ils ajoutent aux préjugés nationaux les idées les plus bizarres et les plus extravagantes; ainsi j'eus un jour une conversation avec un Chinois, qui paraissait instruit, et qui pourtant, lorsqu'il fut question de la suprématie des troupes chinoises sur les troupes européennes, ne balança pas à m'affirmer très sérieusement qu'une partie de l'empire était habitée par une race de géants dont un seul coup de massue suffirait pour détruire un détachement entier de nos soldats.

Ce qui s'oppose évidemment à ce que les Chinois forment une nation puissante, en état de se livrer à de grandes entreprises, c'est le manque de cette force morale et de cette fermeté d'esprit qui dans nos climats sont jointes à la force physique. La complexion de ce peuple est généralement faible, ce qui sans doute doit être attribué à ses institutions morales et religieuses, ainsi qu'à la corruption des mœurs, qui s'oppose au développement de sentiments honnêtes ; mais ajoutons pourtant que la bonté, l'application et la persévérance que l'on remarque chez les Chinois, tempèrent jusqu'à un certain point le manque de qualités plus mâles, et obligent la critique à s'arrêter pour les plaindre!

Il y a plus d'analogie entre les costumes des diverses provinces qu'entre les divers dialectes qui y sont en usage : ce qui fait que dans un groupe de Chinois il y a parité apparente de costume, c'est que tous ont de longs cheveux et la tête à demi rasée. Quant au langage, au contraire, la différence des dialectes est telle qu'il n'est pas rare de voir des Portugais servir d'interprètes entre des Chinois de provinces éloignées, comme par exemple entre le citadin de Canton et l'habitant du district de Ching-Chou, dans le Fo-Kien; ceci a lieu surtout lorsque les interlocuteurs ne savent pas écrire; car, comme nous l'avons dit, la langue écrite est partout la même.

Si les maisons des habitants pauvres de Canton sont généralement basses, à un étage et malsaines, il n'en est pas de même des demeures des riches ; celles-ci se composent d'un grand nombre de chambres spacieuses et bien éclairées par des croisées donnant du côté de la façade, et plus rarement sur les côtés de la maison. Elles sont situées au milieu de grands et beaux jardins ornés avec un art infini ; le terrain en a souvent été accidenté à force de travail, et une foule de cascades, de kiosques, de ponts, de sentiers et d'autres embellissements y répandent la variété. L'art de disposer les jardins d'agrément est certainement poussé beaucoup plus loin en Chine qu'ailleurs. Parmi les moyens qu'ils mettent en usage pour tromper le promeneur sur l'espace qu'il a à parcourir, les sentiers sinueux qu'ils font serpenter de mille manières doivent occuper le premier rang. Nous placerons ensuite les labyrinthes formés par un nombre infini d'*asters* d'un grand nombre d'espèces différentes et disposés de manière à former des chemins qui s'entrecroisent, de façon qu'il est souvent difficile d'en sortir sans un guide. Les Chinois ont une prédilection particulière pour les *asters*, et ils cultivent cette fleur avec beaucoup de succès. Parmi les diverses espèces d'asters, il s'en trouve une qu'ils considèrent comme un manger exquis en salade ; elle est de la grandeur d'une rose ordinaire, de couleur blanche et à longues étamines pendantes.

Rien ne réalise mieux les jardins enchantés d'Aladin que la vue d'un jardin chinois, éclairé de verres de couleur, tandis qu'il fait nuit tout à l'entour et qu'un grand nombre d'asters, disposés artistement à l'entour d'une pièce d'eau, y reflètent leurs couleurs variées.

J'ai déjà fait observer que les Chinois sont d'habiles artificiers. Parmi les feux d'artifice dont ils font un plus fréquent usage, comme plus digne d'intérêt, est un appareil auquel ils donnent le nom de *tambour*, à cause de sa forme. Le cylindre qui le compose est fait en bambous recouverts de papier ; il est fermé par le haut et ouvert à sa base, d'où pendent de longues mèches ; tout l'appareil est suspendu à une longue perche. Dès que l'artificier a mis le feu à l'une des mèches, un mouvement s'opère sous le tambour, et l'on voit apparaître successivement un grand nombre de figures qui représentent une action, comme par exemple un combat de terre ou bien un combat naval ; lorsque le premier feu est éteint, on allume une autre mèche, et une autre scène apparaît; enfin ces tableaux mouvants se renouvellent de la sorte jusqu'à sept fois.

Les fruits en Chine sont exquis, et ils le doivent plutôt à la nature qu'à l'art; car ils sont si abondants qu'on n'a pas le temps de les soigner aussi assidûment qu'en Europe. Les fruits se succèdent, et il en mûrit dans chacun des mois de l'année. Les meilleurs sont les oranges, les *mangos*, les poires, les pêches, les abricots, les prunes, les ananas, les melons, les *bananes*, les *plantanes*, les *longanes*, les *vampises*, les *guares*, les *djancks*, les *chadocks*, les figues et le raisin.

La manière dont se vendent les fruits est particulière. D'abord, quant aux oranges, elles se vendent pelées (au prix d'un *cache* la pièce), parce que la partie estimée de ce fruit est l'écorce, qu'on emploie comme médicament. Pour les autres fruits, ils sont disposés en tas sur des tables devant le marchand, et une baguette porte l'indication du prix; de la sorte il n'y a qu'à choisir et payer ensuite, sans avoir besoin d'adresser la parole au marchand; ce qui est très commode pour les étrangers.

On vend les légumes au poids, et c'est l'acheteur qui commence par les peser dans une balance dont il a eu la précaution de se munir; le marchand vérifie ensuite la pesée. L'art de cultiver les légumes est aussi porté à sa perfection en Chine, et tous sont d'excellente qualité, sans en excepter même les pommes de terre et les choux, qui pourtant sont peu estimés dans le pays (31).

Ce sont des marchands ambulants qui vendent le poisson à Canton; leur marchandise est placée dans des seaux comme ceux des porteurs d'eau en Europe; ce mode de transport des denrées est généralement en usage, et lorsqu'un des seaux est vide, on y place une pierre pour rétablir l'équilibre. En général les marchés de Canton sont nombreux et bien approvisionnés; il n'y a que la bonne viande de boucherie qui soit rare. Quant aux porcs, on a soin de ne les nourrir que de riz pour rendre leur chair plus succulente, et l'on a suffisamment de moutons pour la consommation : ces animaux sont amenés des provinces intérieures.

Dans l'énumération des richesses gastronomiques que renferment les marchés de Canton, les canards, et surtout leurs œufs, méritent une mention particulière ; les Chinois font si grand cas de ces œufs qu'ils élèvent un grand nombre de canards dans des bateaux couverts affectés à cet usage ; deux ou trois hommes suffisent pour soigner de mille à quinze cents oiseaux. Les mœurs des *canards chinois* se font remarquer par une docilité et une intelligence particulière; dès qu'il fait jour les gardiens les mènent paître dans des champs de riz, tout comme s'il s'agissait de brebis. Les bateaux qui leur servent de demeure sont très larges et recouverts d'un toit vers le centre qui déborde sur les côtés de cinq à six pieds; c'est sous ce toit que sont disposés deux ou trois étages de nids où les canards vont pondre. Rien n'est plus curieux que le retour de ces oiseaux vers le soir : on leur descend une planche tandis que le gardien les appelle; tous se hâtent d'accourir; ils se pressent, s'entrechoquent, et chaque canard emploie tous ses efforts à ne pas se laisser devancer; enfin les deux ou trois retardataires qui sont restés à la queue sont sévèrement punis de leur peu de diligence. Les propriétaires de ces sortes de bateaux m'ont assuré que l'intelligence et la docilité de ces oiseaux étaient telles qu'il leur arrivait très rarement d'en perdre quelques-uns. Pour faire éclore les œufs de canards on se sert à ce qu'il paraît de bains de sable. Ceci me porte à dire un singulier usage des pêcheurs de Macao ; ils sont dans l'habitude d'enduire leurs filets de blanc d'œuf, ce qui les fait briller dans l'eau ; quant aux jaunes, ils les salent pour leur usage.

Il y a des oies et des canards sauvages dans les environs de Canton ; les oies se prennent au piége dans les champs de riz, et les canards se prennent au filet. On mange beaucoup de ces deux espèces d'oiseaux, mais il faut de l'habitude pour se faire au goût particulier de leur chair. Voici comment se fait la chasse aux canards. On étend des filets sur des perches et auprès des étangs que les canards fréquentent la nuit ; deux hommes se placent ensuite aux extrémités du filet et guettent le moment où les oiseaux viendront se poser auprès des perches ; aussitôt qu'il en est venu un certain nombre, ils abaissent tout à coup le filet sur les oiseaux, que l'on prend ainsi tout vivants pour les nourrir ensuite de riz dans des paniers fermés qui ne permettent pas au jour de s'introduire. Il paraît que l'obscurité coopère avec le manque d'exercice à engraisser ces malheureux oiseaux. Outre les oies et les canards sauvages, il y a encore une grande variété de gibier à Canton.

On voit donc que Canton est une ville abondamment pourvue, et cependant il n'en existe peut-être pas une autre où la vie soit aussi chère pour les Européens; cela provient de ce que tous les marchands de comestibles qui ont affaire à des étrangers doivent donner beaucoup aux agents de l'autorité pour éviter de plus grandes vexations : en un mot, la phrase habituelle de tous les industriels auxquels on est dans la nécessité de s'adresser est qu'ils sont obligés à surfaire pour avoir de quoi satisfaire les mandarins et s'entretenir eux-mêmes. Mais ce n'est point assez de ces exactions; l'Européen est encore continuellement l'objet d'une surveillance inquiète et tracassière. Quant à Pékin, il paraît, d'après ce que des missionnaires m'en ont dit, que l'on y jouit de bien plus de liberté et qu'on y est même bien mieux accueilli; du reste ils n'entendaient parler que de l'accueil que leur avait fait la classe mitoyenne et le peuple; car quant à la classe élevée et aux hauts dignitaires, ils m'avouèrent franchement qu'il était très difficile d'en approcher.

Le poisson est très apprécié par les Chinois, qui en élèvent beaucoup dans les étangs de leurs jardins; ils ne ménagent ni le temps ni leurs peines pour parvenir à se procurer de beaux carassins et de belles carpes. En général le poisson fournit au peuple une nourriture délicate et à bon compte.

On sait que le soya, dont on fait tant de cas en Europe, vient de Chine, mais les Chinois ont en outre une autre préparation faite avec des haricots réduits en bouillie; cet aliment est savoureux et nourrissant: on le nomme *fu-fu* ou *fu-tchock*. Le soya dont nous nous servons comme assaisonnement est aussi fait avec des haricots; voici par quel procédé on le prépare. Des haricots sont premièrement cuits dans une eau qu'on laisse évaporer sur le feu jusqu'à ce qu'ils commencent à roussir; alors on les transvase dans de grands vases en argile, où l'on verse une suffisante quantité d'eau; enfin on ajoute de la mélasse ou du sucre brut au mélange, et le tout est placé au soleil en plein air. Le mélange fermente, et on a soin de le remuer chaque jour jusqu'à ce que les haricots se déposent au fond en laissant la partie liquide libre, et que la fermentation ait cessé; ceci fait, le mélange est passé au tamis; puis on y ajoute la quantité de sel nécessaire, et finalement on le remet sur le feu en écumant jusqu'à parfaite clarification. Le soya ainsi préparé est versé ensuite dans des bouteilles où on peut le conserver longtemps. On distingue trois espèces de soya, et la première qualité exige pour la préparer de l'habileté et de grands soins. En outre il vient en Chine du soya fabriqué au Japon, et celui-ci est le plus estimé; sa qualité supérieure peut provenir des soins qu'on y met et peut-être aussi de la qualité des haricots. Les fabricants de soya de Canton ont dans leurs maisons des galeries ouvertes où le mélange en fermentation demeure exposé à l'action du soleil. Disons enfin que la consommation de cet assaisonnement est immense; tous s'en servent, riches et pauvres : le soya joue son rôle à toutes les tables et à chaque repas de la journée.

Pour terminer ce que j'avais à dire sur les aliments dont les Chinois font un plus fréquent usage, j'ajouterai qu'ils ne mangent que peu de viande, et qu'ils ne la considèrent même que comme un assaisonnement au riz qui est leur principale nourriture, et dont ils mangent quelquefois deux plats coup sur coup. Il faut en effet que cet aliment soit très nutritif; car les portefaix de Canton, qui mènent une vie laborieuse, ne se nourrissent absolument que de riz et de légumes.

On est amateur de confitures en Chine; les confitures sèches et liquides y sont bien préparées, mais tellement sucrées qu'il est difficile de distinguer le goût du fruit; celles qui méritent d'être citées sont, à mon avis, la confiture d'ananas et la confiture de gingembre.

CHAPITRE XIII.

Différentes espèces de thé. — Sa préparation et manière dont on l'assortit. — De son choix; expérience à faire pour cela. — Comment on l'emploie. — Dessiccation et emballage. — Adresse des trieurs chinois. — Observations générales sur le gouvernement. — Commerce extérieur, particulièrement en ce qui concerne le thé.

Le thé est maintenant d'un usage si général en Europe que je crois pouvoir placer ici quelques renseignements sur cet arbrisseau; ces renseignements m'ont été fournis par des Chinois qui avaient été plusieurs fois dans les provinces où on le cultive et où on le prépare. J'ajouterai que je crois ces renseignements exacts, attendu que, bien qu'ils me soient parvenus de diverses sources, ils se rapportent parfaitement entre eux.

On distingue quatre espèces de thé dans le commerce de Canton ([32]), savoir : le bohéa, l'ankay, le hyson et le songlo. Il y en a bien encore quelques autres espèces, mais comme elles sont rares et qu'on ne peut se les procurer qu'en petites quantités, il ne s'en exporte pas. Ces espèces rares se vendent dans l'intérieur à des prix très élevés.

Le bohéa et l'ankay servent à la préparation de tous les thés noirs dont voici la nomenclature :

1° Le bohéa et l'ankay-bohéa.

Le bohéa est de qualité ordinaire ; il se vend à Canton de 12 à 14 taëls le pékul (33).

L'ankay-bohéa est inférieur au précédent ; son prix est de 8 à 10 taëls le pékul.

Faisons observer que le mot *ankay* précédant celui de bohéa indique une qualité inférieure à celui qui porte simplement le nom de bohéa. Ces deux mots sont les noms de deux districts d'une même province.

2° Le bohéa-congo et l'ankay-congo.

Ces deux qualités sont supérieures aux précédentes ; le bohéa-congo se vend de 18 à 22 taëls le pékul, et l'ankay-congo de 15 à 18 taëls.

3° Le bohéa-kampoy et l'ankay-kampoy.

Ces thés sont préférables aux précédents ; le premier vaut de 24 à 27 taëls le pékul, et le second de 23 à 24 taëls.

4° Le bohéa-souchong et l'ankay-souchong.

Le bohéa-souchong varie de 26 à 46 taëls le pékul, et l'ankay-souchong de 20 à 30 taëls.

Il existe en outre des qualités supérieures de souchong qui ont un goût et un arome délicieux; ces qualités valent de 60 à 80 taëls le pékul. D'autres sont mélangées de fleurs ; ce sont le fa-xyun-tcha, le poutchong-tcha, le sung-tchy-tcha, le liung-tiun-tcha et d'autres. Il existe aussi un thé de fleurs de l'espèce ankay; comme son goût est assez ordinaire, il se vend à bon marché, de 12 à 18 taëls le pékul.

5° Le bohéa-pékao et l'ankay-pékao, ou pour mieux dire pého, suivant la prononciation chinoise; le premier vaut de 40 à 120 taëls le pékul, et le second de 32 à 42.

Le pékao se prépare avec de jeunes feuilles que l'on cueille avant qu'elles ne soient tout-à-fait ouvertes, et lorsqu'elles sont encore recouvertes d'un duvet blanchâtre. C'est ce qui fait que les Européens lui donnent improprement le nom de thé de fleurs; la fleur du thé est blanche ou d'un rose tendre, et ressemble beaucoup à celle de l'églantier. Toutes les feuilles du pékao devraient donc être blanches, mais cela est rare, parce qu'on mélange ordinairement des feuilles nouvelles avec des feuilles anciennes.

La toute première qualité de pékao à longues feuilles blanches, sans aucun mélange de jaune, est très rare; c'est tout au plus si l'on en apporte annuellement deux ou trois pékuls, et moins encore à Kiachta, pour être vendus aux Russes. Quant à la qualité mélangée, il en vient considérablement à Kiachta, et ce thé se vend en Russie jusqu'à 25 roubles la livre.

Il est hors de doute que les thés noirs sont plus sains que les verts, ce qui tient à leur nature ainsi qu'au mode de préparation. Pour préparer les premières qualités vertes, on commence par enduire les feuilles d'un empois fait avec le riz, puis on les roule entre les doigts pour les faire ensuite sécher sur des feuilles de cuivre. Quant aux qualités ordinaires noires et vertes, on les sèche dans des corbeilles en bambou où les feuilles se roulent d'elles-mêmes en les exposant à la chaleur; quelquefois pourtant on a le soin de rouler les feuilles entre les doigts.

Les Chinois sont convaincus que le thé vert agit sur les nerfs, aussi en font-ils peu d'usage;

et en effet son action sur l'économie animale doit être bien énergique lorsqu'il a été teint avec du prussiate de fer, ce qui n'arrive que trop souvent.

Passons à la nomenclature des thés verts :

1o Le hyson et le songlo-hyson de hautes qualités.

Ces deux espèces se vendent à des prix élevés ; tous les thés verts dont le nom est précédé du mot songlo sont de qualités inférieures.

Le hyson-tchulang se débite généralement par caisse de 10 pékuls, et revient à 250 taëls le pékul. Le songlo-tchulang est à meilleur compte, mais il ressemble tellement au hyson qu'il est impossible de le reconnaître sans l'aide d'un trieur chinois. Il existe en outre une autre variété de la même espèce qui coûte presque aussi cher que le tchulang; cette sorte de thé se nomme hyson-gomy.

2o Le hyson et le songlo-hyson de moindres qualités.

Le premier vaut de 50 à 60 taëls le pékul, et le second de 44 à 50.

3o Poudre à canon ; hyson et songlo.

Ces thés se vendent par morceaux ronds en forme de boules ; le prix varie pour le premier entre 80 et 120 taëls le pékul, et pour le second entre 50 et 70.

4o Le hyson-yung-hyson et le songlo-yung-hyson appartiennent aux espèces précédentes, et se vendent de 25 à 42 taëls le pékul.

5o Le hyson-skin et le songlo-skin sont des thés verts de qualités très inférieures; elles valent de 22 à 30 taëls le pékul.

Le thé vert qui se vend généralement en Angleterre est du songlo de 22 à 25 taëls le pékul. Une qualité particulière de songlo, à laquelle on donne le nom de tvankey, s'achète en très grande quantité pour être exportée en Angleterre. Cette qualité est la dernière et la meilleur marché; il n'en existe pas d'inférieure, excepté les thés contrefaits auxquels il n'y a que les novices qui se laissent prendre. Cependant il est si aisé de se tromper sur le choix des thés qu'il convient d'être très circonspect à cet égard.

Après avoir décrit les diverses variétés du thé, disons maintenant comment les Chinois en font usage. Un Chinois vraiment amateur, lorsqu'il veut préparer son thé, commence par peser exactement la quantité qui lui est nécessaire, et le met dans une tasse à couvercle pour y verser immédiatement de l'eau bouillante. Deux minutes après il ôte ce couvercle et porte la tasse à ses lèvres, en respire l'arome, et boit ensuite à petites gorgées, ce qui d'ailleurs est indispensable à cause de son excessive chaleur. Je n'ai pas besoin de répéter que les Chinois n'emploient ni sucre ni crème. Mais la tasse ne se vide pas entièrement; lorsqu'elle l'est à moitié, on y verse de nouvelle eau, ce qui se renouvelle à plusieurs reprises.

La qualité du thé dépend de sa préparation, comme aussi de la saison où la récolte a lieu. Le séchage est le point important de la préparation; il se fait dans de grands cylindres en tôle que l'on expose au feu pour lui donner le grain et l'arome. Le meilleur thé perd son parfum par l'humidité et le reprend lorsqu'il est desséché de nouveau. Une fois le séchage terminé, on n'a plus qu'à renfermer le thé dans des caisses (34).

Il est heureux pour nos amateurs de thé qu'ils n'assistent pas à l'opération de l'emballage, surtout du thé noir de qualité inférieure. Ce sont, en pareil cas, de sales ouvriers qui le pressent avec leurs pieds nus pour le serrer dans les caisses. Quant aux qualités supérieures, on les emballe avec les mains et toujours par un temps bien sec. Les Chinois savent si bien le tort que l'humidité lui cause qu'ils ont soin de placer premièrement le thé dans une caisse en étain, recouverte avec des tiges de cannes à sucre. Cette première enveloppe, ainsi préparée, est alors déposée dans une seconde caisse de bois sur laquelle on colle du papier ; de cette manière le thé se trouve être parfaitement à l'abri de l'humidité.

Voici comment s'y prennent les trieurs chinois pour juger de la qualité du thé. Ils commencent par triturer quelques feuilles entre leurs doigts, et par ce moyen ils reconnaissent si la dessiccation a été convenablement opérée. Ceci fait, ils les exposent à leur haleine et puis les reniflent pour s'assurer du parfum. Puis ils soumettent le thé à l'épreuve de l'infusion, dont l'odeur est soigneusement remarquée ; enfin le liquide est abandonné ainsi pendant vingt-quatre heures, et ce n'est que le lendemain qu'ils en examinent la couleur. Avant de faire infuser, la quantité de thé est exactement pesée et le trieur a bien soin aussi de ne se servir que de vases en terre pour faire bouillir l'eau. Tous ces détails font voir combien il faut de précautions pour bien apprécier la qualité du thé.

Disons quelques mots sur le monopole auquel

ce commerce est assujetti, ce qui complétera ce que nous avions à dire sur le thé. Je sais que l'opinion est en général contraire au commerce exclusif de la Compagnie britannique, et je conviens que ce mode a des inconvénients; mais j'affirme que la liberté du commerce en amènerait de pires. D'abord il est important de remarquer que les Chinois, étant habitués depuis fort longtemps à avoir affaire à des compagnies, ne se fient guère aux particuliers; et c'est là un fait que j'ai été à même de vérifier maintes fois. En outre, les membres du hong, se trouvant fort bien de l'influence qu'a la compagnie anglaise sur les hauts fonctionnaires de Canton, se prêteraient de mauvaise grâce à des rapports d'une autre nature. Enfin, dans l'état actuel des choses, et malgré les vexations qu'éprouve la compagnie anglaise, il n'en est pas moins vrai que les négociants du pays ont confiance en elle. Mais une fois le commerce devenu libre, il n'y aurait plus d'intermédiaire entre les Européens et les Chinois et les commerçants isolés seraient exposés à toute la rapacité des agents du gouvernement. C'en serait assez pour porter un préjudice immense au commerce, et j'en suis d'autant plus convaincu que le hong refuserait bien certainement de cautionner tous les aventuriers qui viennent chercher fortune en Chine.

La Chine, dont la superficie égale celle de l'Europe ([35]), et qui devrait par conséquent être rangée parmi les nations les plus puissantes, est pourtant réduite à une complète inertie par la faute de son mode de gouvernement. Ne pouvant donc exercer d'influence à l'extérieur, les Kuazes ([36]) ont trouvé dans le thé, qui ne croît que chez eux, un moyen de se faire payer tribut par les nations européennes. En un mot, je suis convaincu que, tant que la politique du gouvernement chinois n'aura pas changé à l'égard des Européens, il vaudra mieux s'en tenir au mode de commerce établi que de courir la chance de voir anéantir un commerce qui en général nous procure de si grands bénéfices, et principalement aux Anglais.

CHAPITRE XIV.

Arrogance des hommes en place. — Politique de la cour de Pékin. — Incendie d'un navire. — Il sombre. — Je le remets à flot. — L'Indien Hermadjy. — Surprise des Chinois et vente des diverses parties du navire. — Exactions. — Attaque d'un bâtiment américain par des corsaires. — Je suis cause de son salut.

J'ai déjà eu maintes occasions de faire observer la haute idée que les Chinois ont d'eux-mêmes, ainsi que le profond mépris qu'ils portent aux Européens. L'arrogance des autorités de Canton passe, sous ce rapport, toutes les bornes; on dirait même, d'après leur manière d'être en général, que la cour de Pékin a érigé ces procédés en système pour faire prendre le change aux étrangers sur la faiblesse réelle du gouvernement. Il m'est arrivé néanmoins, quoique rarement, d'être témoin d'une conduite tout opposée de la part des autorités, et le fait suivant montrera qu'en effet les Chinois sont pourtant capables de rendre service à des étrangers, lors même que ceux-ci sont à leur merci.

L'Albion, vaisseau de plus de mille tonneaux, venait d'arriver de Bombay pour recevoir son chargement à Wampoa; il était chargé, en outre, de transporter à Canton plusieurs milliers de piastres de la factorerie chinoise. L'argent venait d'être embarqué quand le feu se déclara à bord du navire; tous les efforts que l'on fit pour l'éteindre étant demeurés sans succès, et la majeure partie de l'argent en ayant été retirée, on se décida, pour préserver les nombreux vaisseaux marchands qui l'entouraient, à couper les amarres et à laisser le vaisseau s'en aller à la dérive. Il s'éloigna ainsi et ne s'arrêta qu'à l'extrémité de Wampoa; là il ne tarda pas à couler bas en se renversant sur le côté, tandis que la partie hors de l'eau continuait à brûler. Toute la cargaison allait être détruite, lorsque le capitaine, qui était indisposé, me pria de prendre les mesures convenables pour en sauver au moins une partie. Je m'empressai d'acquiescer à son désir, et mes efforts parvinrent à éteindre le feu. Les détails dans lesquels je vais entrer sur le sauvetage de la cargaison et de ce qui restait du navire donneront une idée des mesures à prendre en Chine en pareilles occasions.

Le feu venait d'être éteint quand Hermadjy, l'un des chefs d'une riche maison de commerce *parse* (37), à laquelle le navire appartenait, arriva de Canton pour tâcher de vendre ce qui restait de la cargaison et du bâtiment; mais la crainte qu'on avait d'éprouver des vexations de la part des autorités fit qu'il ne se présenta pas d'acheteurs. Dans cette extrémité, Hermadjy eut recours à moi, et je consentis à lui compter 12,000 piastres, à condition qu'il aiderait au sauvetage de tout le poids de son influence. Je devais, suivant notre traité, passer aux yeux des autorités pour un simple agent. Toutes les choses ayant été convenues ainsi entre nous, j'attendis le tchope ou permis, et sitôt que Hermadjy me l'eut remis je me mis à l'œuvre, malgré les conseils de mes amis, qui m'assuraient que j'entreprenais une opération impossible à exécuter. Voici comment je m'y pris. D'abord des plongeurs furent employés à boucher les voies d'eau qui avaient été pratiquées pour faire couler bas le navire pendant qu'il brûlait; pour y parvenir ils employèrent de la bourre sur laquelle ils clouèrent des feuilles de plomb.

Durant ce temps je m'occupais à faire fermer les sabords, que l'on recouvrit extérieurement de peaux en les enduisant intérieurement avec de la glaise bleue de Canton, qui, quoique tendre, a la propriété de ne pas se délayer dans l'eau. Ceci fait, on disposa un certain nombre de pompes à chaînes du pays, qui, bien que construites pour agir sous un angle de 45 degrés, pouvaient opérer convenablement à cause de la position penchée du navire. Après qu'une partie de l'eau eut été vidée, il fallut s'occuper à fixer autour du corps du bâtiment, au moyen de grands clous et d'un fort câble, une rangée de tonneaux; les pompes furent remises en jeu, et par ces moyens huit heures d'efforts suffirent pour remettre le navire à flot, qui bientôt après jeta l'ancre.

La principale opération m'ayant aussi bien réussi, je trouvai des Chinois qui m'achetèrent l'eau qui se trouvait encore dans le bâtiment, et qui, contenant beaucoup de sucre en dissolution, pouvait leur servir pour la préparation du rhum. Enfin j'accomplis le sauvetage de toutes les parties du navire, et même des agrès, qui avaient été coupés et jetés à l'eau durant l'incendie, le tout en trois mois et avec l'aide d'un seul commis et d'un comprador. Je retirai 21,000 piastres de la vente du tout.

Eh bien, et c'était là ce que je me proposais de prouver par ce récit, pendant tout le temps que nécessitèrent ces opérations, je demeurai paisiblement dans l'île de Wampoa sans qu'aucune des autorités m'inquiétât dans mes travaux ou relativement à la durée de mon séjour, qui dépassait le terme qu'on m'avait fixé; en un mot, je dois dire que les autorités de Canton se montrèrent bienveillantes dans cette circonstance, en forçant les autorités subalternes de Wampoa à renoncer à tirer parti de ce désastre en leur faveur. Souvenons-nous cependant que ce n'est ici qu'un trait isolé, tandis que généralement le caractère des fonctionnaires est d'une affreuse vénalité.

J'ai déjà fait mention au commencement de l'ouvrage des nombreux pirates qui fréquentent les côtes de la Chine, et qui, à une certaine époque, auraient pu facilement s'emparer de quatre provinces; l'anecdote suivante est une preuve des dangers auxquels les navires étaient alors exposés.

Le Cataxualpa, portant une forte somme en piastres avec treize hommes d'équipage, entra vers le soir dans le port de Macao. Après avoir jeté l'ancre auprès du cap Kabrito, il envoya sa chaloupe à terre pour demander un pilote qui pût le conduire à Wampoa. Le lendemain matin j'étais à prendre le thé avec le capitaine Bell, de la marine anglaise, dont la frégate, *la Dédaigneuse*, était à l'ancre à Taïpe (38). Assis auprès de ma fenêtre, nous avions sous nos yeux tout le port de Macao, de sorte que nous pûmes facilement nous apercevoir de la position isolée du *Cataxualpa*, et nous nous fîmes part des dangers auxquels ce navire était exposé de la part des pirates qui infestaient alors ces parages. Ces prévisions n'étaient en effet que trop fondées; car peu d'instants après nous aperçûmes dans le lointain plusieurs jonques corsaires qui se dirigeaient droit sur l'Américain. Il n'y avait pas un moment à perdre, et sa situation était d'autant plus critique qu'une partie de l'équipage se trouvait alors à terre. Je me lève, j'appelle un de mes gens, et bientôt un batelier se charge de porter un mot d'écrit au capitaine du *Cataxualpa*, moyennant vingt piastres de récompense. Je l'engageais dans ce billet à couper ses câbles et à se réfugier sous le canon de la forteresse. Quelque temps après, nous étant armés de bonnes lunettes, nous pûmes voir les efforts que faisait l'Américain pour se conformer à mes avis; mais il y avait manque de bras, et ses manœuvres manquèrent. Dans une situation aussi désespérée, où il y allait de la perte entière de ce navire, je me décidai à demander au capitaine Bell la permission de prendre sa grande chaloupe, de l'armer et d'aller au secours du *Cataxualpa*. Le capitaine se prêta à mon désir avec grâce; je partis incontinent, et la chaloupe, complétement armée, ne tarda pas à voguer sous mon commandement vers Taïpe.

Cependant Epo-Tsy, le terrible corsaire, s'avançait à la tête de 17 jonques. La sienne portait 24 pièces d'artillerie et beaucoup d'hommes armés. Je vis ensuite avec ma lunette comment tout se préparait à son bord pour le combat; mais au lieu d'en venir directement à l'abordage, le pirate s'amusa maladroitement à jeter des projectiles incendiaires. Il se décida pourtant ensuite à en venir à l'abordage; mais ses efforts demeurèrent vains; les crocs étaient trop courts, la marée descendante faisait dériver sa jonque, tandis que ses canons, fixés à des madriers, tiraient au hasard. Le brave capitaine du *Cataxualpa* ne perdait pourtant pas courage, et, tandis qu'il laissait le navire aller au courant, lui et son second ne cessaient de faire des décharges de fusils sur les attaquants. Quant à moi, je m'étais rapproché de plus en plus, et ma chaloupe venait de se placer de manière à enfiler de son feu la principale jonque, lorsque celle-ci nous lança deux boulets qui nous couvrirent d'eau. En ce moment je vois une mèche que l'on approche du canon des signaux du *Cataxualpa;* le coup part, et il est si bien dirigé qu'un rang d'hommes tout entier est emporté sur la principale jonque. Il n'en fallut pas davantage pour dégoûter les pirates chinois de leur tentative, et ce coup, joint aux nombreuses décharges de notre chaloupe, décidèrent de la retraite de l'escadre d'Epo-Tsy. Je n'ai pas besoin d'ajouter que le capitaine américain me remercia de mon assistance, et qu'il me restitua les 20 piastres que j'avais avancées.

On verra au commencement du chapitre suivant comment je rendis un service analogue à un autre navire qui échappa aussi à de grands dangers.

CHAPITRE XV.

Épisode du navire américain *l'Asia*. — Il donne sur un bas-fond. — Il est attaqué. — Je le secours. — Conduite des Cafres. — Témoignages de reconnaissance. — Preuve du caractère obstiné du gouvernement chinois. — Arrivée d'une escadre anglaise. — Entêtement du commandant. — Débarquement. — Remise des forts. — Conduite du vice-roi. — Édit. — Rapports rompus. — Commerce arrêté. — Approvisionnement de l'escadre.

Les événements extraordinaires qui signalèrent presque toutes les années de mon séjour en Chine, et auxquels je fus appelé à prendre part, sont véritablement si frappants qu'on serait tenté de les attribuer à la volonté du sort. En voici un nouvel exemple.

Un navire américain, *l'Asia*, d'un port considérable et chargé d'une riche cargaison de jinseng (39), de la valeur de 200,000 piastres, plus 400,000 piastres en espèces, arriva vers le mois de septembre à Macao, sous le commandement du capitaine écossais Wilalmsonn, mon ancien ami. S'étant aussitôt assuré d'un pilote, le navire se dirigea vers Boca-Tigris; mais une brume épaisse s'éleva vers la nuit près du golfe de Tchiunpy, et fut cause que le pilote se trompa et prit un banc de sable pour Boca-Tigris. Averti d'abord par la couleur de l'eau et puis ensuite par la sonde, le capitaine fit serrer les voiles, et le navire continua à avancer lentement au milieu d'une vase molle dans laquelle par bonheur il se fraya une route sans s'incliner. La nuit vint sur ces entrefaites, et l'on put apercevoir du vaisseau un grand nombre de feux que Wilalmsonn crut être des barques de pêcheurs; mais il en était autrement, et le pilote maladroit, pressé de questions, avoua bientôt que ces feux n'étaient autre chose que des jonques de pirates qui étaient là à l'ancre depuis deux mois. Le capitaine comprenant toute l'étendue du danger, et sachant que j'étais à Wampoa, n'eut rien de plus pressé que de m'écrire un mot que le pilote devait me porter. Cet homme me connaissait, et, sachant que je dînais tous les dimanches chez le commandant de l'escadre anglaise, il assura le capitaine qu'il m'y trouverait le lendemain, qui était précisément un dimanche. Il partit donc encouragé par une promesse de pardon et l'espoir d'être bien récompensé.

Le lendemain je me trouvais en effet à bord du vaisseau du commandant anglais. Nous étions à table, et, outre les capitaines anglais, plusieurs capitaines de navires indiens, nommés *Country-Ships*, qui naviguent entre la Chine et l'Inde, étaient au nombre des convives. J'étais assis à côté du commandant lorsque le billet de Wilalmsonn me fut remis. Mon premier mouvement fut de le dissimuler ; mais le commandant m'ayant supplié de lire, j'en pris aussitôt connaissance, après quoi je le lui passai. Il lut alors à haute voix le billet de mon ami, qui me priait de lui porter secours, et me demanda quelles étaient mes intentions. « De me rendre de suite chez les capitaines de mes amis, lui dis-je, pour les engager à me fournir les moyens de délivrer le vaisseau en danger. » Il n'y eut alors qu'une voix pour me louer de ma résolution, et tous les capitaines présents voulurent me donner des hommes et des bateaux ; le commandant anglais mit pour sa part sa grande chaloupe à ma disposition. Je m'empressai naturellement d'accepter ces offres généreuses, et bientôt je me trouvai à la tête d'une flottille composée de seize bateaux, portant chacun une pièce de douze, et montée de deux cent cinquante hommes, sans compter cinquante Cafres. Les Cafres sont indispensables dans ces climats, car eux seuls sont capables de manœuvrer le cabestan durant le jour sous le soleil des tropiques; les matelots européens ne peuvent y être employés que le soir.

Les choses ainsi disposées, je partis par un vent favorable; mais il changea et nous força à avoir recours aux rames. Néanmoins, comme la distance jusqu'à Boca-Tigris n'était que de quarante-quatre milles, nous l'avions dépassé à sept heures du matin. Là le vent redevint favorable, de sorte que la flottille avança rapidement et se trouva vers une heure de l'après-midi si près des pirates qu'il était aisé de distinguer avec une longue vue ce qui se passait à leur bord. Ils n'étaient plus alors qu'à une portée de canon de *l'Asia*, qui allait tomber entre leurs mains, lorsqu'ils nous aperçurent, et donnèrent aussitôt des signes de l'effroi que notre voisinage leur inspirait. J'ordonnai sur-le-champ de se diriger sur les Chinois; mais à peine leur eûmes-nous lâché quelques bordées qu'ils prirent subitement la fuite, sans tenir compte de la disproportion des forces, le nombre de leurs jonques s'élevant à soixante-dix. Voyant alors que les pirates employaient voiles et rames pour mieux assurer leur retraite, j'abandonnai leur poursuite et ne m'occupai plus que de *l'Asia*, qu'il s'agissait de remettre à flot. Sans entrer dans le détail des opérations au moyen desquelles cela s'exécuta, j'ajouterai seulement que je pris sous ma responsabilité de retourner le navire dans la vase où il était entré. Le capitaine Wilalmsonn, tout en me témoignant sa reconnaissance, me faisait sentir qu'il croyait pourtant que ma manœuvre ne pourrait pas s'exécuter, et les Chinois, qui étaient accourus en grand nombre, assuraient que j'entreprenais une chose impossible; mais des raisons majeures me firent persister, et je fus assez heureux pour réussir, après quelques jours d'efforts, de sorte que le vaisseau partit la poupe en avant pour Boca-Tigris, et par le côté opposé à celui par lequel il était arrivé. Dans les travaux pénibles qui s'exécutèrent sous ma direction, les Cafres nous furent du plus grand secours; quant à la cargaison, elle avait été transbordée préalablement sur deux croiseurs de la Compagnie des Indes.

Si nous disons que *l'Asia* avait été assuré aux principales compagnies d'assurances de l'Amérique septentrionale pour une valeur de plus de 4,000,000 de francs, on concevra de quelle importance il leur était de le voir arriver à bon port. Mais pour moi, n'ayant agi dans cette circonstance que comme ami du capitaine Wilalmsonn, j'étais loin d'attendre la moindre marque de gratitude de la part de ces compagnies; cependant celles de New-Yorck, de Philadelphie et de Baltimore voulurent me prouver qu'elles considéraient ce service comme leur ayant été rendu personnellement, et m'envoyèrent l'été suivant un magnifique vase en argent portant une inscription qui retraçait le motif de ce présent. Ce vase, d'un travail précieux, et que je conserve avec soin, est sorti des ateliers de Philadelphie (40).

Ce que je viens de rapporter peut donner une idée de l'impunité avec laquelle les forbans exploitaient alors leur industrie en Chine, et le récit qui va suivre pourra de même en donner une de l'excessif entêtement du gouvernement chinois : si les faits principaux en sont connus, du moins n'ont-ils pas été racontés par un témoin oculaire comme moi. Avant d'en commencer le récit, je remarquerai que pendant plusieurs années je fus chargé de l'approvisionnement de la flotte de l'Inde, principalement à l'époque où sir Edouard Pellew la commandait. Cet officier eut pour successeur l'amiral Drury, marin brave et expérimenté, mais malheureusement d'un caractère trop fougueux.

La flotte anglaise était commandée par cet amiral lorsque la Compagnie anglaise des Indes-Orientales apprit qu'une nombreuse flotte française se proposait de se rendre à Batavia pour y organiser une expédition qui devait s'emparer des îles et de la forteresse de Macao. Si l'on réfléchit qu'en entretenant une flotte considérable dans la mer de la Chine la France pouvait ruiner le commerce anglais dans cette contrée; si l'on considère en outre que les liens de la France et de la Hollande étaient alors très resserrés, et que pour faire arriver une expédition de Batavia à Macao il ne faut que dix jours, on concevra aisément tout l'effet que cette nouvelle produisit sur le gouvernement anglais. Aussi s'empressa-t-il d'adopter les mesures les plus convenables pour s'opposer à l'entreprise. On s'adressa donc au gouvernement portugais, qui promit de transmettre, par l'entremise du vice-roi de Goa, l'ordre au gouverneur de Macao de recevoir un certain nombre de troupes anglaises qui viendraient de l'Inde pour renforcer la garnison. Sans nous arrêter à examiner quelle fut la conduite du gouvernement portugais en cette circonstance, toujours est-il de fait que l'ordre en question ne fut pas expédié.

Durant ce temps l'amiral Drury arriva à Macao, à la tête d'une forte escadre, portant 6 mille hommes de débarquement. Les eaux de Macao étaient alors infestées de pirates; mais je ne m'arrêtai point aux craintes qu'ils auraient pu m'inspirer, et partis à la faveur d'une nuit très sombre qui me permit d'aborder heureusement au vaisseau amiral; le commandant me complimenta sur le zèle dont je faisais preuve, et me chargea aussitôt de l'approvisionnement de l'escadre, que je commençai dès le lendemain. L'amiral, jaloux de remplir sa mission avec promptitude, s'empressa de faire les démarches nécessaires pour le débarquement des troupes; mais quel fut son désappointement lorsque le gouverneur lui déclara que le vice-roi ne lui ayant donné aucune instruction à ce sujet, il lui était impossible de permettre le débarquement. Trompé dans son attente, l'amiral essaya de parlementer et de prouver au gouverneur que l'ordre ne pouvait tarder à arriver; mais tous ses efforts furent vains, et celui-ci lui déclara qu'il ne se rendrait que sur un ordre par écrit du vice-roi. Cette réponse irrita Drury, dont le caractère impétueux ne put se contenir davantage, et, faisant avancer deux vaisseaux de ligne pour protéger le débarquement, il déclara qu'il enlèverait la forteresse de vive force si dans une heure les portes ne lui en étaient pas ouvertes. Le débarquement s'exécuta sans obstacle, et les troupes commençant à escalader les hauteurs, le gouverneur, qui n'avait que deux cents hommes de garnison, tira à toute volée un coup à boulet et abaissa son pavillon. Ayant ainsi cédé à la force, il écrivit dès le lendemain au vice-roi pour lui rendre compte des choses, et celui-ci publia aussitôt une ordonnance pour défendre, sous peine de mort, tout rapport avec les Anglais, et surtout de leur fournir des vivres. On comprendra aisément combien ma position devenait critique.

Dès ce moment tous les fournisseurs chinois s'éloignèrent de moi, et l'escadre, privée de vivres et de tous les objets d'approvisionnement, allait être obligée d'appareiller lorsque je trouvai de l'assistance dans une classe qui semblerait promettre bien peu de garantie, je veux parler des contrebandiers au moyen desquels l'escadre continua à être pourvue malgré la défense.

Rien ne présageait cependant que l'on dut se soumettre aux exigences de l'amiral, qui, fatigué de ses vaines démarches pour rétablir les relations, prit le parti d'en venir à des démonstrations plus énergiques. En conséquence il hissa son pavillon sur la frégate *le Phaëton*, commandée par l'honorable Flitwod-Pell, et se rendit à Wampoa avec *la Dédaigneuse*, autre frégate du même rang. *Le Russel*, vaisseau de ligne, fut laissé auprès du second-banc, tandis que le reste de l'escadre était à l'ancre dans la rade de Macao.

Cette démonstration de l'amiral qu'appuyaient 22 grands navires de la Compagnie des Indes, armés chacun de 18 à 30 canons, avec leurs équipages au complet, paraissait suffisante pour en imposer au vice-roi, mais il s'obstina pourtant à faire du départ des Anglais le *sine quâ non* du rétablissement des relations et du commerce. L'amiral résolut alors d'aller en personne à Canton pour exposer au vice-roi des preuves convaincantes de sa mission; c'était chez M. Roberts, chef de la factorerie, qu'il avait l'intention de s'arrêter. Celui-ci, qui était mon ami, reçut cette nouvelle avec un effroi dont il m'expliqua la cause. En effet, il n'était pas aisé de pourvoir à l'entretien de l'amiral et de sa suite d'après la défense sévère de communiquer avec les étrangers. Dans cette occurrence je m'offris à le tirer d'embarras, et l'amiral ayant consenti à s'arrêter dans ma maison, je l'y reçus avec son état-major, nombre de capitaines des vaisseaux de *la compagnie* et un grand nombre de matelots, le tout se montant à près de 300 personnes. Qui croirait cependant que je vins à bout de fournir à tant de monde tout ce qui pouvait être nécessaire, au point que l'amiral avait chaque jour une table de 50 couverts, pourvue des choses les plus délicates, et pourtant un nouvel et plus sévère édit avait été affiché à tous les coins des rues. Cet approvisionnement, qui, aux yeux des Européens de Canton, paraissait miraculeux, avait été organisé par moi avec un soin particulier. Toutes les denrées étaient apportées pendant la nuit en passant par les toits des maisons voisines, et tous les gens de service étaient des Chinois déguisés en matelots anglais; aussi le brave amiral, qui voyait qu'on ne manquait de rien, était-il fermement persuadé que l'interdit n'était qu'illusoire et que tout s'arrangerait. On verra dans le chapitre suivant si ses prévisions étaient fondées.

CHAPITRE XVI.

On tente de m'arrêter. — Le *namkoy*, chef de la police. — Épisode. — Hostilités entre les Anglais et les Chinois. — Départ de l'amiral. — Pirates. — Escadre noire. — La femme corsaire. — Voleurs de nuit. — Punition de l'un d'eux.

Durant le temps que *le Phaëton* demeura à Wampoa, je lui portai bien souvent moi-même le riz qui lui était nécessaire. J'avais une légère embarcation, montée de neuf rameurs qui me servaient pour ces sortes de courses. Mes armes consistaient en deux grands pistolets.

Une fois, m'étant embarqué de la sorte, je me dirigeais vers la frégate, lorsqu'un grand bateau de mandarin, plein de gens armés, se mit à me donner la chasse. Je savais que, s'ils l'avaient voulu, rien ne leur était plus aisé que de s'emparer de moi; mais connaissant par expérience leur peu de courage, j'ordonnai à un de mes gens de charger mes pistolets, tandis que je ne cessai de tirer sur les attaquants, qui n'osèrent jamais approcher de trop près, mais continuèrent néanmoins à me poursuivre jusqu'au moment où je me trouvai en sûreté sous le feu de la frégate.

Une autre aventure m'arriva vers le même temps. L'amiral m'ayant chargé un jour d'aller chercher à Canton des objets d'approvisionnement qui avaient été achetés avant la rupture des négociations, je partis de Wampoa avec deux chaloupes armées, deux officiers et un jeune garde-marine. A peine fus-je arrivé qu'un interprète se présenta de la part du namkoy, chef de la police, pour me déclarer que, si nous demeurions plus de vingt-quatre heures à Canton, je serais arrêté par ordre du vice-roi, et que d'ailleurs il était défendu de rien porter à l'escadre anglaise. Je répondis alors que ce que je voulais emporter n'étaient que des objets à mon usage, que j'avais l'intention de repartir le lendemain matin à onze heures, et que d'ailleurs mes soldats ne permettraient pas aux douaniers de toucher à mes malles. L'interprète s'en retourna avec cette réponse, et pendant ce temps on investissait notre factorerie en plaçant à l'entour une garde de deux cents hommes, commandés par deux officiers (41).

J'eus occasion alors de forcer des militaires chinois à faire amende honorable; voici comment cela se passa. Le jeune garde-marine, dont j'ai fait mention, était devant la porte de la factorerie pendant que la garde chinoise prenait ses postes, lorsque l'un de ces militaires, profitant d'un moment favorable, enleva le sabre du jeune homme. Sur la plainte qui m'en fut faite, j'en parlai à l'interprète, qui revenait de la part du chef de la police pour m'engager à partir au plus tôt en me permettant à cette condition d'enlever mes malles. J'exigeai que l'on restituât l'arme du jeune homme et qu'on lui fît des excuses publiques. Cette dernière condition retarda le dénouement de cette affaire jusqu'au lendemain matin; alors, dans le désir sans doute de nous voir nous éloigner, on consentit à tout, et les excuses furent solennellement faites comme je l'avais exigé. Nous partîmes, mais sans les objets d'approvisionnement qu'il m'avait été impossible d'enlever, et à peine nous étions-nous éloignés que le séquestre fut mis sur la factorerie et tous les objets qu'elle contenait.

En arrivant je trouvai l'amiral dans les dispositions les plus hostiles et je vis qu'il s'était résolu à frapper un grand coup; m'ayant interrogé ensuite sur ce que je pensais des voies de rigueur qu'il voulait employer, je lui répondis franchement qu'elles n'amèneraient aucun résultat favorable, et d'autant plus que les Chinois savaient, par les intelligences qu'ils avaient avec les capitaines de la Compagnie, que son gouvernement ne l'avait pas autorisé à agir hostilement. Mais cette réponse ne le satisfit pas; il persista dans ses intentions et m'engagea même à me rendre le lendemain chez lui de bonne heure pour l'accompagner dans son expédition. Le lendemain je le trouvai en effet distribuant des ordres à ses officiers, tandis que sa frégate était entourée de plus de quarante chaloupes portant chacune une pièce de douze et de nombreux équipages armés de sabres, de pistolets et de grenades. La chaloupe amirale avait une pièce de dix-huit et trente soldats de marine.

Les ordres distribués, l'amiral monta dans sa chaloupe avec deux capitaines, un interprète portugais et moi. Je n'étais armé que d'une légère épée, mais il voulut absolument que je prisse un sabre d'abordage en m'assurant que je serais bientôt à même d'en faire usage; ce fut alors seulement que je me convainquis qu'il était résolu à en venir à des voies de fait. Nous partîmes et déjà nous approchions du premier fort lorsqu'un câble tendu en travers de la rivière, et auquel était attachée la chaloupe d'un mandarin, nous barra le passage. L'interprète qui s'y trouvait s'approcha alors pour nous signifier de ne pas aller plus loin si nous ne voulions pas nous exposer au feu des forts et des bâtiments en rade. Nous prétextâmes alors le désir de parler au commandant de ces bâtiments, qui pouvaient être au nombre de vingt, tous rangés en travers de la rivière et leurs pièces braquées sur nous. L'interprète s'offrit à se charger des communications, mais la résolution de l'amiral était inébranlable; aussi donna-t-il l'ordre de se diriger vers les vaisseaux, tandis que sa flottille attendrait en cet endroit. Nous avançâmes ainsi, et lorsque la distance qui nous séparait des Chinois fut assez courte pour pouvoir s'entendre, l'interprète se leva et leur adressa la parole; au même instant toute leur artillerie se mit à tirer sur nous à mitraille, mais les coups étaient si mal ajustés que nous n'eûmes qu'un seul homme de blessé. L'amiral restait impassible, tandis que ne pouvant contenir mon indignation je me levai avec le capitaine Pellew en exprimant franchement le désir de voir notre flottille nous rejoindre pour venger l'honneur de nos armes. Pour toute réponse l'amiral nous jetta un coup d'œil sévère en nous engageant à nous rasseoir ; puis il donna l'ordre de diriger sur les bateaux chinois, ce qui obligea l'artillerie à tirer par-dessus nos têtes de crainte d'atteindre ces bateaux ; de cette manière nous rejoignîmes nos chaloupes. De nouveaux pourparlers s'établirent alors ; mais comme ils n'aboutissaient évidemment à rien, l'amiral se vit forcé à renoncer à ses projets et à retourner à Wampoa.

Le mouvement de vivacité que j'avais eu m'attira l'animadversion de l'amiral, qui non-seulement ne m'adressa plus la parole depuis lors, mais refusa même de recevoir les nombreux approvisionnements que j'avais déjà achetés, ce qui m'occasionna une perte de 4,000 livres sterling. Peu de jours après cette échauffourée, l'amiral Drury retourna à Macao, y rembarqua ses troupes et partit. Si dans ces circonstances il dépassa ses instructions, je dois avouer pourtant qu'en refusant de faire feu sur les Chinois il a fait preuve d'une grande sagesse ; car une conduite opposée eût ruiné complétement le commerce anglais qui est si avantageux à la Compagnie des Indes.

Quant à moi cependant je n'en fus pas quitte pour avoir encouru la désapprobation de l'amiral; car à peine fut-il parti que je reçus l'ordre de quitter Canton; vainement M. Roberts parla-t-il en ma faveur, alléguant que je n'avais pu me dispenser d'agir comme je l'avais fait à cause de ma qualité d'Anglais; je dus vendre ma maison, et me retirai momentanément à Macao pour y attendre l'époque où de nouveaux mandarins seraient envoyés de Pékin pour remplacer ceux dont les fonctions allaient expirer.

Je vais rapporter une aventure qui m'arriva en route lorsque je me rendais à Macao. Mon désir était de faire ce trajet par le détroit intérieur, ce qui abrége la route, et connaissant une personne qui se disposait à partir pour Macao avec son neveu, nous convînmes de louer une sorte de barque chinoise fort commode. Ces embarcations ont une galerie couverte et élevée qui règne le long des bords où l'on peut s'asseoir et se promener lorsque la fraîcheur du soir vient tempérer l'extrême chaleur du jour. En nous embarquant j'eus soin de me munir de treize fusils et d'autres armes que j'avais, ce qui excita l'hilarité de mon compagnon de voyage qui trouvait ces précautions superflues. Le motif qui me les faisait prendre était pourtant réel, car j'avais failli devenir victime d'une attaque des pirates qui dans un précédent voyage m'enlevèrent un bateau chargé d'argenterie, pendant que privé de moyens de défense j'étais obligé de me sauver dans une barque de pêcheur.

L'embarcation entièrement disposée, nous partîmes de Canton par un excellent vent qui nous fit avancer rapidement, et lorsque nous fûmes près du dernier village du détroit intérieur, je donnai l'ordre aux rameurs de s'arrêter et de tout disposer pour passer la nuit en cet endroit; mais mon compagnon de voyage, qui désirait être rendu à Macao le plus tôt possible, me témoigna l'envie de continuer le voyage sans s'arrêter. Je me rendis à son désir et nous avançâmes jusqu'à l'embouchure du détroit, où un vent de mer s'éleva qui nous obligea à nous arrêter. Durant le trajet je m'étais occupé à préparer mes fusils, ce qui avait beaucoup diverti mon compagnon de voyage; néanmoins je n'en continuai pas moins mes dispositions et me préparai à tout événement.

La nuit vint sur ces entrefaites, mais le temps était si beau que nous continuâmes à nous promener en plein air. Enfin je me préparais à me retirer lorsque j'aperçus trois bateaux qui, profitant de la clarté de la lune, se dirigeaient sur nous ; c'étaient des pirates ! J'ordonnai aussitôt d'apporter les armes, sans écouter les conseils de mon incrédule ami, qui m'assurait que ces forbans prétendus n'étaient autre chose que des bateaux de mandarins. Manœuvrant avec dextérité, les trois bateaux s'approchèrent à pleines voiles de nous, puis ils les plièrent et firent force de rames. A peine nous approchèrent-ils que mes domestiques répondirent à leur attaque en leur lançant des bouteilles dont ils s'étaient munis pendant que je ne cessais de leur tirer des coups de fusil. Le premier bateau ainsi contenu n'osa pas en venir à l'abordage; mais le second, plus courageux, tenta de nous jeter un grappin; aussitôt un coup à bout portant punit l'agresseur et le bateau s'éloigna. Un bateau restait encore, et celui-là attaqua notre barque du côté opposé; mais ce fut encore le plus mal avisé des trois, car pour le coup il eut affaire à mon cuisinier qui inonda les assaillants de charbons enflammés, d'eau et de riz bouillant. Enfin nos rameurs, qui jusque-là n'avaient pas voulu prendre part au combat, accoururent aussi avec leurs fortes rames, et décidèrent la victoire à couronner la bonne cause. Ainsi se termina cette escarmouche qui dura pourtant près d'une demi-heure. J'appris plus tard que ces pirates appartenaient à l'*Escadre noire,* flottille commandée par une femme sanguinaire qui ne faisait grâce à aucun de ceux qui tombaient entre ses mains. L'on me dit aussi que nous leur avions tué beaucoup de monde, et cela a dû être à cause de la hauteur de notre bord ; cependant il fallait que nous eussions eu affaire à des pirates chinois pour nous en être tirés aussi bien. Le courage n'est réellement pas au nombre des qualités de ce peuple, je vais en citer un nouvel exemple :

Je me trouvais un soir seul dans une des rues de Canton, lorsque je fus attaqué par cinq hommes, dont deux étaient armés de sabres et les trois autres de bâtons; je n'avais qu'une forte canne à la main, et pourtant j'en fis un si bon usage que je parvins à gagner la porte de ma maison. Le concierge vint alors à mon aide, mais on le jeta à terre ; alors j'assénai un fort coup de canne à celui qui l'avait renversé ; il prit la fuite, et les autres malfaiteurs l'imitèrent. L'un d'eux fut arrêté quelques jours après, rudement puni, et condamné à avoir la tête passée dans une forte planche sur laquelle le motif de sa condamnation était écrit; il fut amené chaque jour en cet état, et durant un mois, à la porte de la factorerie, pour y faire amende honorable. Je ferai observer que c'est probablement le premier exemple de punition infligée à un Chinois pour méfait commis contre un Européen.

CHAPITRE XVII.

Aventures d'un Américain. — Il échappe à la mort. — Son départ pour les îles Sandwich. — Comment je l'y retrouvai plus tard. — Il épouse la fille du roi. — Particularités sur l'état politique de ces îles. — Troubles. — Je concours à les apaiser. — Caractère des insulaires. — Missionnaires. — Climat. — Histoire naturelle. — Ils entreprennent des voyages de long cours.

Parmi les divers accidents qui signalèrent mon séjour à Canton, il en est un qui se lie au voyage que je fis quelques années après aux îles Sandwich ; en en plaçant ici le récit je me trouverai naturellement amené à parler de ces îles et de ce qui m'y arriva.

Un jeune homme appartenant à une bonne famille de New-Yorck avait dissipé de fortes sommes qu'il tenait de la générosité de ses parents, qui avaient eu même plusieurs fois la bonté de payer ses dettes ; malgré leurs sages conseils il ne discontinua pas son train de vie désordonné, au point que parents et amis lui refusèrent enfin leurs secours. Dès qu'il se vit abandonné sa tête se monta, il rejeta sur le monde le blâme de ses propres égarements, et prenant la société en aversion, il conçut le bizarre projet d'aller se fixer parmi les peuplades sauvages de l'Amérique du Sud. Un capitaine, ami du jeune homme, allait justement mettre à la voile pour Canton; il lui donna passage à son bord, en l'assurant qu'une fois dans cette ville rien ne lui serait plus aisé que d'accomplir son projet.

J'étais à Canton lorsque ce jeune homme y débarqua, et il vint se loger à l'auberge américaine en face de ma maison, de sorte qu'il m'arrivait assez souvent de le rencontrer. Un mois s'était écoulé, lorsque je crus m'apercevoir, à l'air singulièrement préoccupé et triste de mon jeune voisin, que quelque chose de particulier se passait en lui, et je soupçonnai même qu'il nourrissait quelque fatal projet contre lui-même. Ce soupçon m'engagea à prévenir l'aubergiste de mes tristes prévisions, et l'on va voir que je ne m'étais pas trompé. En effet, quelques jours après, je rentrais chez moi lorsque je vis accourir un homme qui me supplia, de la part de l'aubergiste, de me rendre chez lui pour porter secours au jeune homme qui s'était empoisonné. J'y allai de suite et le trouvai à l'agonie; mais soupçonnant le genre de poison qu'il avait dû avaler, je lui administrai à plusieurs reprises du sulfate de zinc, qui provoqua de violents vomissements qui le sauvèrent.

Le lendemain, lorsque j'allai voir le convalescent, il se jeta à mes pieds en m'exprimant toute sa reconnaissance de l'avoir arraché à la mort, à laquelle il s'était résolu dans un accès de désespoir; puis il me conta ses aventures, et j'appris que de nouvelles dettes, contractées depuis son arrivée à Canton, l'avaient mis dans l'impossibilité d'accomplir son projet d'établissement dans les îles de l'Océan Pacifique; telle était la cause récente de cette tentative de suicide. Je le consolai de mon mieux et m'offris à lui faciliter son départ, et en effet, dès le jour même ses dettes furent acquittées, et il partit en qualité d'officier sur un navire qui devait le déposer dans les îles Sandwich, s'il ne prenait pas goût au service de mer. C'est ainsi que je me séparai de ma nouvelle connaissance, que je ne revis que lorsque j'abordai moi-même dans ces îles. Transportons-nous à cette époque et disons ce qu'il était devenu dans cet intervalle.

A peine venais-je d'arriver dans les îles Sandwich que le jeune Américain s'empressa de venir me trouver; je le questionnai et il me conta le changement qui s'était fait dans sa position. « D'abord, me dit-il, je dois vous avouer que mon caractère cadrait mal avec les exigences du service maritime; aussi, dès que je fus arrivé ici, je priai le capitaine de m'accorder ma démission; il y consentit sans peine, et voyant que mon intention était de me fixer dans ces îles, il se chargea de me présenter au roi. Sa Majesté m'accueillit avec beaucoup de bonté, et toute la famille royale ne cessa de me témoigner de la bienveillance. Mon crédit auprès du roi alla ainsi en croissant, tandis que la reine, de son côté, semblait m'accorder de plus en plus sa confiance. Cet état de choses me permit, après quelque temps, d'aspirer à une alliance élevée, c'est-à-dire que je demandai la fille du roi en mariage! Une pareille proposition souleva bien des clameurs; la mésalliance paraissait honteuse aux membres de la famille royale; mais néanmoins je persistai et parvins à obtenir le consentement que je sollicitais. Maintenant, ajouta-t-il, vous me voyez marié, possesseur d'un district qui me rapporte des revenus considérables, et revêtu du titre de prince ; en un mot, me voici heureux, et c'est à vous que j'en suis redevable. » Après ces mots, le jeune prince me promit de me présenter à son épouse. Dès le lendemain je vis la jeune princesse, à laquelle je trouvai de beaux traits, une jolie taille, et même assez de grâce dans le maintien ; ses dents étaient surtout d'une éclatante blancheur. Je regrette de devoir ajouter au tableau de cette union que le roi m'avoua plus tard lui-même que son gendre était tout aussi dérangé dans sa conduite qu'auparavant ; je laisse à juger de ce qu'elle devait être pour que des sauvages s'en plaignissent !

Le mode de répartition des terres dans ces îles repose sur un système d'apanages ; les cultivateurs y sont attachés à la glèbe, de sorte qu'ils se cèdent, se vendent ou s'échangent avec la terre. Il se pourrait que le servage y eût été établi par les Espagnols ; mais, sans nous attacher à résoudre cette question, disons toutefois que le costume des insulaires approche beaucoup du costume espagnol, qu'il est à présumer que ces îles ont été découvertes primitivement par des navigateurs de cette nation, et que n'ayant été indiquées sur les cartes qu'à l'aide des instruments grossiers que l'on possédait alors, elles sont bientôt tombées dans un oubli complet.

Les insulaires des îles Sandwich sont assez turbulents ; j'eus occasion, durant mon séjour, de rendre service au roi en l'aidant à calmer une insurrection qui menaçait de devenir générale. La cause des troubles était politique et religieuse: politique, en ce que les princes apanagés contestaient au roi une partie de son autorité ; religieuse, en ce que le peuple, ayant vu abolir le culte des idoles dans plusieurs districts sans qu'il fût remplacé par un autre culte, se trouvait ainsi sans religion. Le roi m'entretint lui-même de ces dissensions, en m'engageant à assister à une réunion générale des princes, et à l'appuyer de mon influence comme consul d'une puissance amie.

J'acquiesçai à son désir, et le jour de la séance je m'y rendis accompagné d'un interprète. La réunion était nombreuse, et se composait des princes apanagés et des principaux vassaux de la couronne; Pyte, *kraymakou* ou premier ministre du royaume, y assistait également; c'était lui qui était au fond le principal instigateur des révolutionnaires. Le roi ouvrit la séance par un discours où il adjurait ses sujets de rentrer dans l'ordre; après quoi, se tournant vers moi, il dit qu'ils devaient me considérer comme un agent d'une puissance amie qui le soutiendrait au besoin. Alors je me levai à mon tour, et me tournant vers l'assemblée, je lui déclarai, au moyen de l'interprète, que les droits du roi étaient imprescriptibles, et qu'en s'abandonnant à de coupables suggestions ils ne faisaient que céder aux conseils perfides de quelques Européens qui ne demandaient qu'à profiter de la ruine de leur commerce. Je leur déclarai ensuite que, s'ils ne rentraient pas dans le devoir, le mien serait de porter ces faits à la connaissance de mon gouvernement, et que mon exemple serait sûrement suivi par tous les Européens notables qui se trouvaient dans leurs îles; enfin, apostrophant Pyte, je lui reprochai sa félonie.

Cette harangue produisit un effet incroyable; le *kraymakou*, confondu et tremblant, se jeta aux pieds du roi en protestant de sa fidélité au trône de Rio-Rio, fils de Taméamexi, et tous les autres princes, entraînés par l'exemple du premier ministre, implorèrent leur pardon aux pieds du roi, tandis que le peuple, qui voyait rétablir la tranquillité, témoignait sa joie au dehors par de bruyantes acclamations. La séance fut ensuite levée, et je restai seul avec le roi qui, joyeux de voir terminer les troubles qui désolaient ses États, me fit passer dans ses appartements particuliers, où il manda aussitôt son secrétaire, auquel il ordonna de rédiger une lettre (42) adressée à l'empereur de Russie pour le prier de prendre les îles Sandwich sous sa protection. Cette lettre me fut remise, et je la fis parvenir à Sa Majesté à mon arrivée en Russie.

Donnons maintenant quelques détails sur ces îles et ses habitants. La douceur, la bonté et l'hospitalité formaient le caractère de ces insulaires lorsque des missionnaires vinrent semer les dissensions là où régnait auparavant la paix. Dès lors le caractère national s'altéra. Ces fanatiques, si éloignés du véritable esprit du christianisme, qui préconisaient chacun leur foi particulière, excitèrent tellement les esprits qu'il en résulta des guerres intestines, et le roi et la reine étant partis sur ces entrefaites pour l'Angleterre, où ils moururent, le trône échut à un enfant en bas âge dont la majeure partie des princes se sépara. Si je m'élève contre la conduite des missionnaires, ce n'est point avec l'intention de les condamner indistinctement, et je sais même que dans le nombre il s'en trouvait qui étaient guidés par un véritable esprit religieux, mais il n'en est pas moins vrai que la majeure partie d'entre eux fit plus de mal que de bien. Et n'était-il pas absurde en effet de vouloir astreindre de malheureux sauvages à des pratiques de piété tellement multipliées qu'il ne leur restait plus littéralement le temps nécessaire pour leurs travaux, tandis qu'ils devaient consacrer la majeure partie de la journée à écouter des discussions métaphysiques sur des points de doctrine qu'ils n'étaient pas en état de comprendre? Il fallut que cette sorte d'esclavage fût devenue bien rude à ces insulaires, car ils finirent par se révolter ouvertement contre les devoirs qu'on leur imposait ([43]).

Le climat des îles Sandwich est peut-être le plus sain et le plus tempéré de tout l'Océan Pacifique, et le sol en est si productif que l'on fait chaque année trois moissons de maïs. Toutes les plantes et les fruits des tropiques et d'Europe y mûrissent parfaitement, tandis que la canne à sucre y atteint un degré de croissance extraordinaire. Le gibier et les sangliers abondent dans ces îles, et la mer qui baigne les côtes renferme une grande variété de poissons excellents. Les insectes y sont peu nombreux; ceux qu'on y rencontre le plus fréquemment sont les mouches ordinaires et les puces, dont il est aisé de se garantir en habitant des appartements exhaussés de cinq ou six pieds au-dessus du sol.

On peut faire d'excellents matelots de ces insulaires, car ils aiment la navigation et entreprennent même d'assez longs voyages. Je crois pouvoir prédire que ces îles finiront par devenir le dépôt central du commerce de l'Europe, de l'Inde et de la Chine, avec les côtes nord-ouest de l'Amérique, de la Californie et d'une partie de l'Amérique du Sud, ainsi qu'avec les îles Aléoutes et le Kamtchatka. C'est donc là une station importante.

J'ai dit précédemment que l'idolâtrie avait été abolie dans certains districts. Le roi était en effet contre l'ancienne religion, qui comptait encore des partisans. Parmi eux se trouvait un des cousins du roi qui tenta d'émouvoir le peuple en faveur de l'idolâtrie; mais les troupes royales l'attaquèrent, le battirent, et il périt lui-même dans cette affaire avec un grand nombre des sectateurs de l'ancien culte.

CHAPITRE XVIII.

Nation chinoise éminemment commerçante et manufacturière. — Tous les éléments d'industrie s'y trouvent. — Contrées avec lesquelles la Chine a des relations de commerce. — Chemins, canaux et portages. — Origine des habitants. — Occupations. — Malais; leurs brigandages. — Colonies chinoises. — Objets de commerce et profits des commerçants. — Habitants de Bugis-Vajo; analogie avec les Arabes. — Les Malais se distinguent des Chinois. — Gouvernement de Bugis-Vajo. — Courageuses explorations des habitants. — Pêche du beache-de-mer.

Je ne suis point, je l'avoue, de l'opinion de ceux qui admettent qu'un Etat peut s'enrichir et marcher dans la carrière du progrès sans manufactures ni commerce. Les partisans de cette opinion ont cité la Chine comme un Etat purement agricole, et c'est en quoi ils ont certes commis une grave erreur, car la Chine est au contraire habitée par une nation éminemment manufacturière et commerçante.

En effet, aucun pays ne renferme des sources aussi abondantes de précieux produits qui y attirent une foule d'acheteurs de toutes les parties du monde. Je doute qu'aucune autre contrée possède un commerce intérieur aussi vaste, et l'agriculture y prospère en même temps que l'industrie manufacturière. Sans doute que cette industrie est arriérée dans ses procédés, bien qu'on y emploie des machines plutôt pour faciliter le travail que pour le perfectionner; mais ses produits n'en sont pas moins variés et atteignent quelquefois à une rare perfection, ce qui provient alors de ce qu'ils sont faits à la main; les cotonnades en offrent l'exemple.

Les contrées que fréquentent les bâtiments de commerce chinois attestent par leur nombre l'étendue du commerce extérieur, car ils vont au Japon, à la Cochinchine, à Siam, Tonquin, Camboge, Manille, Bornéo, Macassar, Gilolo, Célèbes, et fréquentent presque toutes les îles de l'Océan Pacifique où les Chinois ont des établissements. Par terre, le commerce s'étend aux Birmans (44) et à d'autres nations voisines. Tout ce mouvement commercial est facilité par une infinité de voies de transport; des canaux sillonnent la Chine dans tous les sens, et dans les portages d'un canal à l'autre, ce sont des hommes qui transportent les marchandises à dos, ce qui n'est assurément praticable que dans une contrée aussi populeuse.

C'est dans les provinces méridionales de l'empire que se trouvent les véritables sources des richesses du pays; ce sont celles qui fournissent le thé, le sucre, le coton et une infinité d'autres produits qui s'en écoulent et se répandent ensuite de toutes parts et donnent lieu à un vaste commerce d'échange et de cabotage. Il est à regretter seulement que cette contrée n'ait pas un gouvernement plus éclairé sur ses vrais intérêts; un gouvernement, dis-je, qui favoriserait les progrès de l'industrie et qui s'appliquerait en outre à étendre ses relations commerciales à l'ouest comme les Européens l'ont fait à l'est: vu la position géographique de la Chine, il est hors de doute que le commerce se serait alors élevé à un haut point de prospérité dans cette partie de l'empire.

Une description succincte de l'archipel Indo-Chinois a, je crois, sa place indiquée ici; ces observations sont le résultat de mes longs séjours à Canton et à Manille, qui m'ont mis souvent en rapport avec des voyageurs qui avaient visité l'archipel.

Le groupe d'îles qui se trouvent entre l'Inde

et la Chine peut s'assimiler sans aucune exagération aux contrées les plus fertiles du globe; là, la nature s'est montrée prodigue de ses dons, et les riches productions de ces îles sont maintenant indispensables à l'Europe. A commencer par Alexandre-le-Grand jusqu'à nos jours, cet archipel a attiré l'attention des commerçants, et les conquérants eux-mêmes le considérèrent souvent d'un œil d'envie. L'Europe a toujours regardé le commerce du Levant comme une des premières sources de sa richesse, et bien qu'il se fît dans le principe par l'Egypte et l'Arabie, les difficultés des communications ne l'empêchèrent pas de prospérer. Enfin c'est à ce commerce qu'Alexandrie dut sa fondation, l'Italie sa renaissance, l'Espagne et le Portugal leurs richesses, Venise une partie de sa splendeur passée, et de nos jours l'Angleterre et la Hollande leur prospérité ; ajoutons encore que ce fut au désir de prendre part au commerce du Levant, malgré les entraves de l'Angleterre, que les États-Unis d'Amérique sont redevables de leur émancipation.

On supposait autrefois que tous les habitants de ces îles, étant d'origine Malaise, devaient avoir aussi tous le même caractère national, les mêmes coutumes et le même langage, et d'autant plus que toutes ces îles se trouvent situées entre le huitième et le douzième degré de latitude; cependant un examen attentif prouve qu'il y a entre eux une très grande différence.

Les habitants se divisent en peuplades qui s'occupent de l'agriculture, de l'industrie, ou s'adonnent à la navigation. Toutes les parties du sol ne conviennent pas également à la culture des nombreux produits, qui consistent principalement en riz, tabac, cannes à sucre, coton et indigo; des échanges s'établissent entre les diverses peuplades, d'où il résulte un commerce actif entre toutes ces îles. Parmi les peuplades industrielles et agricoles, il faut citer les insulaires de Luçon, Java, Sumatra, Bali et Lomboe. Les habitants des côtes méritent aussi une mention particulière pour leur activité et leur hardiesse, dont ils sont redevables à de fréquentes expéditions maritimes; regrettons que leur caractère turbulent, joint à des habitudes de pirateries, gâtent des qualités aussi précieuses. Un grand nombre de colons habitent ces îles, et principalement Java, Sumatra, Luçon, Bornéo et Macassar; ce sont pour la plupart des Chinois dont les habitudes d'ordre, jointes à une grande aptitude, les font bien recevoir partout où ils vont s'établir. Parmi les autres colons, ceux que l'on rencontre le plus fréquemment sont des Européens, des Indiens, et même des Arabes du golfe Persique et de la mer Noire.

Les objets de commerce sont fournis par les habitants de l'intérieur, qui expédient du riz, du tabac, du sel, des cotonnades et d'autres produits vers les côtes, pour être exportés par Malacca, Java, Sumatra et les Moluques ; les profits que font les marchands en échangeant ces objets dans d'autres îles contre des diamants, des perles, de la nacre, du sable d'or, des épices et du caoutchouc, s'élèvent souvent à trois fois la valeur primitive. Le cabotage est principalement entre les mains des insulaires de Célèbes, que l'on croit d'origine arabe ou indienne ; mais ceux qui sont réellement l'âme du commerce indo-chinois, ce sont les habitants de Bugis-Vajo.

Maltebrun suppose que la population de cet archipel est originaire de la presqu'île de Malacca, et je crois cette opinion fondée en partie ; mais si d'un autre côté on songe à l'esprit entreprenant des anciens Arabes qui partaient du golfe Persique, côtoyaient l'Inde et la Chine et s'avançaient même jusqu'à Formose (45), on en conclura qu'ils purent visiter pour la première fois les îles au sud-ouest de la Chine et y fonder des colonies. Le fait est que les habitants de ces îles diffèrent beaucoup entre eux ; ceux de Célèbes ressemblent aux Arabes par la couleur de la peau, leurs traits et le caractère de dureté et de fierté qui distinguent ces derniers, tandis que les insulaires de Java, de Sumatra et des Philippines, sont plus doux et ont de l'analogie avec les Malais; dans d'autres îles enfin on observe une grande ressemblance avec les Indiens. Des voyageurs qui ont visité les parties intérieures de Java m'ont assuré que ce qu'on disait du caractère farouche des habitants n'était point vrai, et qu'en général ils sont beaucoup plus hospitaliers qu'on ne le pense.

Quant aux Malais, ils diffèrent complétement des Chinois, et il est d'autant plus probable qu'ils ne sont pas de la même origine que le commerce entre les Chinois et les Japonais était autrefois défendu, et que les premiers n'obtinrent la permission de se livrer au commerce maritime qu'à dater de l'invasion des Tartares. Mais revenons aux habitants de Bugis-Vajo, que j'ai été à même d'observer de près, et dont je parlerai d'autant plus volontiers qu'ils sont encore très peu connus en Europe.

Les établissements de Bugis-Vajo se trouvent dans la partie nord et sud-ouest de l'île; ils se divisent en six districts d'un tracé bizarrement irrégulier, et les habitations ont été construites sur les bords d'un grand lac, auquel les habitants doivent peut-être la turbulence de leur caractère, s'il n'est pas toutefois plus naturel de l'attribuer au sang arabe qui coule probablement dans leurs veines. Le gouvernement qui les régit se fonde sûr un système aristocratique.

L'esprit aventureux de ces insulaires est surprenant; il n'est pas en effet une seule île, depuis la Nouvelle-Guinée jusqu'à Méravi, qui ne soit fréquentée par eux. Les objets qu'ils transportent consistent en produits manufacturés indigènes et en coton, qu'ils se procurent à Bali et à Lomboe; le moment où les vents périodiques commencent à souffler est la saison qu'ils choisissent pour se mettre en mer. Voici comment ils se partagent alors. Les uns se dirigent vers l'est, tandis que d'autres se rendent à Java pour y prendre du tabac de l'île, qui, étant très estimé, se vend avantageusement, et ils donnent en échange des cotonnades, du sable d'or et des lingots d'argent : outre le tabac, ils emportent de Java des indiennes, du drap, de la quincaillerie d'Europe et de l'opium du Bengale. Avec ces objets nos navigateurs font le tour de Célèbes, de Bornéo et de Sumatra, suivent la côte est de Siam et la côte ouest de Malacca jusqu'à Pennangue, Malacca et Sincapor, où ils se défont de leurs marchandises et prennent du drap, du fer, de l'acier et de l'opium, qui sont les objets les plus recherchés à Java. Pour donner une idée de l'immensité de ces opérations commerciales, je citerai en preuve les droits que les Anglais perçoivent à Pennangue sur l'opium seul, droits qui s'élèvent à une valeur de 500,000 piastres (2,500,000 fr.) acquittés en sable d'or, lingots d'argent et numéraire.

Ceux de ces insulaires qui, en partant de Bugis-Vajo, se dirigent d'abord vers l'est, s'occupent de la pêche du beache-de-mer, objet de luxe pour les Chinois, qui en distinguent trente espèces différentes, et qui donne lieu à un commerce considérable. C'étaient eux autrefois qui transportaient les épiceries à l'entrepôt, mais les Européens s'étant emparés depuis lors de ce commerce, ils en sont réduits à transporter une petite quantité de clous de girofle et de noix-muscades. Du reste il faut observer que si leurs épiceries étaient peu estimées jadis parce qu'elles provenaient de plantes sauvages, il n'en est plus de même actuellement qu'ils ont appris à les greffer.

Enfin, pour conclure ce chapitre et donner en même temps une idée de la hardiesse de ces navigateurs à demi barbares, ajoutons qu'il part chaque année de Bugis-Vajo de trente à quarante bâtiments pour les côtes de la Nouvelle-Hollande, dans le but de transporter de trois à quatre cents tonneaux de beache-de-mer destiné aux jonques qui fréquentent ces parages.

CHAPITRE XIX.

Sûreté de la navigation dans les mers de l'archipel Indo Chinois. — Les jonques en fournissent la preuve. — Migrations. — Défense aux femmes de quitter le pays. — Chargement des jonques; ce qui le compose; sa valeur. — Plomb. — Colonie de Sincapor. — Hollandais à Batavia et à Sumatra. — Ile de Banka. — Rapports avec l'Inde. — Commerce du poivre et de l'opium. — Café de Java. — Caractère des Indo-Chinois. — Population. — Langage. — Climat. — Avantages de ce commerce. — Caractère des Malais. — Comment établir des rapports commerciaux. — Les chefs de ces îles commerçants. — Le tek. — Nouvelles îles.

La nature prévoyante a si bien disposé les îles de l'archipel Indo-Chinois que les bras de mer qui les séparent ne forment que d'étroits canaux que l'on croirait creusés à dessin pour faciliter les communications. Les eaux de cet archipel ne sont jamais troublées par les terribles typhons (46), lors même que vers le nord la mer gronde furieuse; et les jonques chinoises, malgré les vices de leur construction, y peuvent naviguer en tout temps et transporter annuellement sur sept ou huit d'entre elles environ quatre mille colons chinois. Cependant les lois défendent l'émigration, mais c'est qu'elles ne sont maintenues rigoureusement qu'envers les femmes, qui ne peuvent même pas suivre leurs maris, tandis que les autorités, moyennant une légère rétribution, ferment les yeux sur l'émigration des hommes. Les colons chinois sont donc forcés à épouser des femmes malaises, et pourtant, comme je l'ai déjà observé, il n'en résulte aucun changement de coutumes, de mœurs ou de langage : cette observation s'applique indistinctement à toutes les colonies chinoises. Par exemple, les colons de cette nation établis sur la côte ouest de Bornéo y forment une population distincte de deux cent mille âmes, qui vivent à peu près dans l'indépendance. Il en est de même de Batavia, où ils sont au nombre de cent mille, qui conservent tous leur religion, leur langage, leurs caractères et même le costume national, sans que leur assujettissement aux lois hollandaises y ait apporté le moindre changement (47).

Le chargement d'une grande jonque chinoise

peut s'évaluer de 300 à 500,000 piastres d'Espagne (1,620,000 à 2,700,000 fr.). A leur retour elles rapportent du sable d'or, des diamants, des perles, de la nacre, du sucre, du poivre, des épices, du beache-de-mer, des nids d'oiseaux, des nerfs de cerfs, de l'arec, que les Chinois mâchent avec le bétel, des *rattanes*, sortes de joncs dont on fait des cordages, des cuirs de bœufs et de buffle, de la filure de coton, des nageoires de poisson, de la cire, des peaux et des cornes de rhinocéros, de l'ivoire, de l'ébène, de l'aloès, du sandal, du camphre, du benjoin, du sang-dragon, du sagou, de l'*aragar*, espèce de mousse dont les Chinois se servent dans leurs préparations en guise de gomme, et un grand nombre d'autres produits inconnus en Europe. Quelque incomplète que soit cette nomenclature, je la crois suffisante néanmoins pour démontrer la variété et la richesse des productions de l'archipel Indo-Chinois.

L'île de Bornéo fournit en outre à elle seule une quantité considérable de plomb, de la poussière d'or et du fer travaillé ([48]), ce qui date du temps où les colons chinois commencèrent à exploiter les mines et à s'occuper du lavage des sables aurifères. Autrefois l'insouciance des habitants rendait ces richesses stériles, car ils ont pour ces sortes de travaux une aversion aussi grande que les nègres de l'Amérique. Aussi ce sont six mille Chinois qui s'occupent à Bornéo du lavage des sables aurifères qui se trouvent entre les rivières de Sambass et de Pontiniack, dont le produit annuel s'élève à 1,500,000 piastres (8,100,000 fr.). Le sable lui-même se retire d'une mine située presque à la surface du sol, ou dans d'autres endroits à une petite profondeur, et il est lavé au moyen d'une machine hydraulique très simple qui a été apportée de Chine. Il est importé annuellement par la seule douane de Calcutta pour environ 1,000,000 de francs d'or, et si la quantité en est aussi considérable pour Calcutta, qui n'a qu'un commerce borné avec l'archipel, quelle doit donc être la quantité d'or apportée à Siam, Camboge, Tonquin, la Cochinchine, Malacca, Manille ([49]), Sincapor et Batavia? C'est dans ces divers lieux que les Malais vont acheter le riz, le sel, le tabac, le drap, l'acier et l'opium dont ils font une grande consommation, sans compter la Chine, où l'on importe chaque année une quantité considérable d'or.

La fondation de la colonie de Sincapor est une

des entreprises les plus avantageuses qui aient jamais été mises à exécution pour l'accroissement du commerce britannique ; j'affirmerai même que ç'a été la cause qui a fait passer entre les mains des Anglais la presque totalité du commerce malais et qui a anéanti l'influence hollandaise à Sumatra. Cette colonie, après les plus rapides progrès, est devenue maintenant l'entrepôt de tout le commerce malais ; c'est là que se réunissent tous les bâtiments et toutes les jonques qui viennent du Levant pour échanger leurs marchandises contre celles d'Europe.

C'est dans les îles situées à l'Ouest que se trouvent les mines de plomb, métal qui dans le commerce est plus précieux que l'or même. On peut avancer hardiment qu'excepté quelques localités, en Angleterre et en Sibérie, où ce métal n'est même qu'en assez faible quantité, il ne se trouve nulle part en abondance comme dans l'archipel que nous décrivons. Il suffira pour le prouver de citer la petite île de Banka, appartenant à la Hollande, qui fournit annuellement près de sept cents kilogrammes de plomb pur.

Le poivre est un des objets les plus importants du commerce malais, car on en apporte chaque année à Calcutta seulement, entre 14 et quinze millions de kilogrammes, qui s'échangent contre des marchandises, pouvant valoir plus de 4,000,000 de francs. Enfin l'opium, quelque dangereux qu'il soit, est si recherché par les Chinois ([50]) que le commerce anglais en retire d'énormes bénéfices.

Je crois fermement que plusieurs des îles de l'archipel ont reçu leur religion, leurs arts et même leur littérature de l'Inde, bien que l'origine des relations entre ces deux contrées, se perde dans la nuit des temps. Mais il est un fait bien digne de remarque, c'est que le sanscrit se nommait autrefois *bali*, qui est aussi le nom d'une des îles de l'Archipel dont le dialecte se rapproche le plus de cette langue si ancienne.

Nous avons fait remarquer que les Arabes fréquentent ces îles depuis fort longtemps, et actuellement encore leurs marchands y apportent des cotonnades, des indiennes, de l'argent et des fruits secs, qu'ils échangent contre des épices, et plus particulièrement contre du sucre. Ordinairement ils amènent avec eux des derviches et de savants prédicateurs mahométans, versés dans la littérature arabe, dans l'intention de soutenir les faibles vestiges de l'islamisme qui, après y avoir été généralement professé aux quatorzième et quinzième siècles, est actuellement à peu près éteint. Néanmoins il est de certains endroits où les marchands et les imans arabes étaient parvenus, à force de persévérance, à acquérir une telle influence qu'elle approchait de la puissance souveraine. A Bantongue, Ahine, Palembang et Pontaniack, où ils dominaient, le commerce florissait aussi jusqu'au moment où l'influence et la cupidité des Européens les en expulsèrent. C'est aux Arabes que Java est redevable de l'introduction du café (51), l'objet le plus important du commerce javanais, attendu que cette île en produit actuellement sept millions quatre cent soixante-sept mille quatre cents kilogrammes par an. En outre, Java produit quatre millions quatre-vingt-treize mille kilogrammes de sucre et une quantité considérable de coton, qui non-seulement suffit à l'habillement de cinq millions de Javanais, mais fournit encore à l'exportation.

Les habitants de ces îles ne s'en tiennent pas aux jouissances ordinaires de la vie; mais n'étant retenus par aucun frein politique, religieux ou moral, ils se livrent sans bornes au luxe et au plaisir. Le goût versatile des Malais s'accommode également du thé et de la porcelaine de Chine; des étoffes et de l'opium du Bengale; du café, des fruits et des tissus de l'Arabie; des draps, de l'acier, du fer, des cristaux, de la bijouterie et des vins de l'Europe, sans compter les nombreux produits indigènes.

La population de l'Archipel peut être évaluée, à vue de pays, à quinze millions d'habitants; mais ce n'est là qu'une évaluation approximative, attendu que l'intérieur des grandes îles, telles que Bornéo, Macassar, Gilolo, Lamboe, nous est encore tatalement inconnu; mais tout fait supposer pourtant que la population y est nombreuse. Et comment pourrait-on calculer le nombre des habitants d'un pays où tout est inconnu; langage, religion, caractère et coutumes? Toutes nos données sur ce sujet ont été puisées dans les récits de marchands qui, à la faveur de la langue malaise, qui est la *langue franque* de cet archipel, font un commerce de cabotage.

Aux objets déjà mentionnés, qui sont nécessaires à ces insulaires, et dont le commerce procurerait d'importants avantages à celle des nations européennes qui saurait en profiter, on peut ajouter l'opium de Turquie qui, bien qu'inférieur en finesse à celui du Bengale, est néanmoins plus fort, ce qui fait que les habitants le mélangent avec l'opium de l'Inde, dont le prix est plus élevé. Il faut remarquer que tout le fer employé par les Malais vient d'Europe, et il s'en vend annuellement à Batavia seulement, pour 1,450,000 florins de Hollande (près de 3,000,000 de francs).

On a peine à se figurer en Europe que le drap puisse être d'un grand usage dans ces climats; mais il en est véritablement ainsi, et en voici la raison. Ces îles renfermant de hautes montagnes, leurs crêtes attirent des nuages qui y amènent des pluies et des vents, si bien que ce climat approche beaucoup de celui du midi de l'Europe. L'air y est pur et sain; le thermomètre de Farenheit indique ordinairement de 70 à 80 degrés ([52]); dans les lieux élevés il descend souvent à 60 et même à 50 degrés ([53]). On voit d'après cela que le drap n'y est pas seulement agréable à porter, mais même parfois indispensable. Ceux qui ont qualifié le climat de ces lieux d'*insupportablement chaud* n'ont sans doute visité que Batavia et Manille.

Je pense que ce qui précède suffira pour faire sentir tous les avantages que les nations européennes retireraient de l'établissement de relations de commerce avec ces îles. Il existe encore actuellement un grand nombre de lieux dans l'archipel qui n'ont point eu de relations directes avec les Européens, et il est hors de doute que les chefs indépendants de ces îles entreraient volontiers en rapports avec les premiers Européens qui se présenteraient. Beaucoup ont affirmé que les Malais (habitants de cet archipel), sont tellement indomptables, trompeurs, rusés et méchants, qu'il n'y a aucun moyen d'avoir affaire à eux : je conviens qu'ils ont en partie ces défauts, mais j'ajouterai que ce qui les excite, c'est l'injustice et les mauvais traitements qu'on leur fait subir, tandis qu'ils sont plutôt bons par nature. Le Malais est naturellement fier, indépendant; il ne peut supporter l'humiliation; aussi l'idée seule des mauvais traitements dont les Européens ne l'accablent que trop souvent pour la moindre faute le révolte; d'où l'on est fondé à conclure que les fâcheuses dispositions de ce peuple à l'égard des Européens ne sont que le résultat de la conduite des Anglais et des Hollandais à leur égard. Ces derniers, profitant du caractère apathique des naturels du pays, s'emparèrent d'abord de quelques positions, et les ayant fortifiées, crurent qu'ils pourraient s'y maintenir avec de faibles garnisons; mais les Malais s'étant aperçus du petit nombre des nouveaux arrivés, tombèrent sur eux et les massacrèrent.

Les Européens n'y jouissent donc d'aucune sécurité, et s'ils commercent, c'est en présentant leurs marchandises d'une main et gardant leur arme dans l'autre; les Chinois au contraire ne prennent aucune précaution semblable, et je n'ai jamais entendu dire qu'ils y aient perdu un seul bâtiment. Ce qui contribue à rendre dangereux les rapports avec ces peuples, c'est l'idée qu'ils ont qu'une injure ne saurait être lavée que dans le sang; les Chinois sympathisent aussi davantage avec eux; mais du reste cette haine contre les Européens se remarque principalement dans quelques îles dont les habitants s'adonnent à la piraterie.

Si quelque Européen voulait équiper un navire pour commercer avec les îles de cet archipel et pour se livrer peut-être aussi à des recherches scientifiques, voici les conseils que j'aurais à lui donner. D'abord le navire serait bien pourvu d'armes contre les pirates qui infestent ces mers, et de filets de bastingue contre l'abordage, où ces forbans sont le plus à craindre. Par là on éviterait un combat corps à corps, et conséquemment les coups de *crecks* (arme empoisonnée dont ces peuples font usage), pendant qu'on les repousserait à coups de fusil. Secondement le chargement du navire devrait être composé des divers objets énumérés précédemment, auxquels on joindrait des produits fabriqués en Europe. Il serait aussi indispensable d'avoir quelques présents à distribuer aux chefs ou princes des peuplades avec lesquelles on entrerait en rapport. L'argent pour le commerce serait des piastres d'Espagne que l'on reçoit volontiers partout, et qui serviraient principalement à l'achat des denrées, attendu que les habitants refusent quelquefois l'échange par marchandise. Le navire serait donc équipé en guerre ; des naturalistes et d'autres savants s'y trouveraient pour des recherches scientifiques, et il serait chargé de marchandises pour le commerce. Sans commerce il n'y aurait pas moyen d'entrer en rapport avec les Malais ; car tous, depuis les princes jusqu'aux derniers de leurs sujets, sont commerçants. En arrivant il faut bien se garder de rien vendre aux habitants ; c'est aux chefs ou princes que l'on doit s'adresser premièrement. L'oubli de cette précaution pourrait tout gâter, car rien n'est plus aisé que d'éveiller leur susceptibilité. Au reste, leur colère n'est que de peu de durée, car c'est dans l'opium qu'ils puisent la majeure partie de la hardiesse avec laquelle ils exécutent leurs coups de main. Néanmoins il faut toujours être sur ses gardes, tout prêt à repousser une attaque; éviter d'engager des querelles, et mépriser de leur part tous les procédés qui ne constituent pas une injure trop grave ou qui font un tort réel.

Parmi les diverses productions de ces îles j'aurais dû faire mention du *tek*, arbre qui croît en grande abondance dans l'île de Java. Ce bois est préférable à tout autre pour la construction des bâtiments de toutes grandeurs; sa mise en œuvre est bien plus aisée que celle du chêne, et sa solidité est extraordinaire. Les Anglais sont tellement convaincus de la supériorité de ce bois que, durant leur courte possession de l'île de Java, ils en construisirent pour plus de huit mille tonnes de divers bâtiments, et apportèrent en outre pour dix mille tonnes de ce bois à Calcutta. Les forêts de *tek* de Java sont sans contredit les plus remarquables de l'Asie; car les bois de construction que fournissent celles du Malabar sont bien loin de les égaler sous le rapport de l'abondance et de la qualité. Ceci admet des exceptions; ainsi j'ai vu un navire anglais, *le Success-Galley*, construit en tek du Malabar, qui, après soixante ans de navigation, était encore très solide, et en le dégréant pour le visiter on ne trouva que les ferrures rongées par la rouille. On les renouvela, et le bâtiment fut remis à la mer et servit encore plusieurs années, jusqu'à ce qu'il pérît par une forte tempête sur les côtes de Coromandel.

Si l'on voulait essayer d'établir des relations commerciales avec ces contrées fortunées, il serait très avantageux d'occuper les îles Bonin-Zimma ou simplement Bonin, récemment découvertes par les Japonais et vues par le capitaine russe Lytké. Elles sont situées entre les 26 et 27e degrés de latitude nord, et au 140e degré à l'est de Greenwich. La plus grande de ces îles a trente milles de circuit, et toutes sont couvertes de belles forêts peuplées d'une grande quantité de sangliers. D'ailleurs elles sont inhabitées.

CHAPITRE XX.

Philippines. — Mindanao la plus considérable ; elle a un prince particulier. — Tagalitz, habitants de Luçon. — Langage. — Caractère. — Coutumes. — Conduite des religieux. — Diverses races. — Femmes. — Cigares. — Promenades de Manille. — Chemin tournant. — Le marquis d'Aguilard. — Genre de vie des Espagnols. — Hospitalité. — Avantages que l'Espagne tire de cette colonie. — Mulâtres et métis. — Leur mécontentement et leur haine contre les Espagnols. — Aventure. — Révolte. — Influence des religieux. — Attaque des Négrillos. — Courage d'un moine. — Défaite des Négrillos.

Le séjour que j'ai fait à Manille m'a mis à même d'examiner ces colonies espagnoles. Je présente ici le résultat de mes observations qui compléteront, avec quelque utilité j'espère, ce que je viens de dire de l'archipel Indo-Chinois.

Bien que les îles Philippines soient peu éloignées les unes des autres, elles n'en diffèrent pas moins par la nature de leurs productions, ainsi que par le langage des habitants. Le dialecte le plus universellement en usage est le tagalitz (54).

Luçon, Mindoro et les îles Babuyanes appartiennent à l'Espagne, tandis que la plus considérable des Philippines, Mindanao, est gouvernée par un prince indépendant très puissant. Les Espagnols tentèrent en vain de subjuguer cette île, dont la très nombreuse population se distingue par son intrépidité. A part cette qualité, ils sont d'un caractère très indolent, ce qui fait que l'industrie y est bien plus arriérée qu'à Java.

Il n'y a que des colons chinois, des Mulâtres et des Français qui s'occupent aux Philippines de la culture de la canne à sucre, comme de l'agriculture en général; mais Java fait cependant exception, car ses habitants fabriquent divers produits et s'adonnent eux-mêmes aux travaux agricoles. Il est fâcheux pour l'île que les procédés de fabrication du sucre y soient encore dans l'enfance; aussi le sucre y vaut-il de sept à neuf piastres le pékul, tandis qu'en suivant la méthode pratiquée dans l'Inde il ne reviendrait pas à plus de dix francs, c'est-à-dire que le prix en serait dix fois moindre qu'aux Indes-Occidentales.

Les Tagalitz sont les habitants de l'île de Luçon, et leur langue dérive du malais, dont elle n'est qu'un idiome; j'avais composé moi-même un dictionnaire de cette langue, lorsque j'appris que des prêtres espagnols établis à Luçon en avaient publié une grammaire et un dictionnaire complet, ainsi que des poésies, genre de littérature dans lequel ce peuple se distingue; je ne puis abandonner ce sujet sans rendre justice à l'instruction variée ainsi qu'à la conduite exemplaire et aux bons principes de ces prêtres.

A la bravoure qui leur est naturelle, les Tagalitz joignent de l'esprit et de la gaîté; mais sous d'autres rapports ils ont de la ressemblance avec les Malais, car ils sont comme eux passionnés, vains et vindicatifs, ce qui oblige à user de beaucoup de prudence dans les rapports que l'on a avec eux; aussi des moines dissolus comme il y en a dans l'Amérique méridionale y seraient sûrement très mal reçus, d'autant plus que le clergé de Luçon se distingue au contraire par sa fermeté, son courage, sa persévérance et ses bonnes mœurs. Cette conduite du clergé lui a acquis une grande influence sur les habitants, qui lui portent beaucoup de considération; mon opinion est même que l'Espagne lui est redevable de l'ordre qui règne dans cette contrée, et qui plus est de l'avoir conservée jusqu'à présent, c'est-à-dire que la religion catholique romaine étant enseignée aux Tagalitz par un clergé aussi respectable, le peuple y puise des idées d'ordre et de paix qui le rendent plus facile à gouverner.

Comme je n'ai pas visité les parties intérieures de l'île de Luçon, je m'abstiendrai de parler du caractère des habitants, mais quant à celles où j'ai été, j'y ai toujours reçu l'accueil le plus cordial. Les femmes y sont bien faites et ont les traits plus agréables que celles de Manille : la délicatesse et l'ingénuité distinguent leur manière d'être, et quoique leur teint soit cuivré, elles ont cependant des couleurs ; de belles dents, très blanches, ornent leur bouche, qu'encadrent des lèvres vermeilles. Un portrait aussi avantageux est pourtant loin de convenir à toutes les femmes de l'île ; il s'en trouve de noires, de petites et de très laides. Cette diversité frappante me parut provenir d'une différence d'origine ; je m'en informai, et j'appris qu'en effet tous les habitants n'étaient pas d'une même race, et qu'il devait ainsi y avoir dissemblance entre les habitants des divers districts. Mais il est une circonstance qui s'oppose à ce que même les jolies femmes de ce pays plaisent aux Européens, c'est le singulier usage où elles sont de fumer et de mâcher du bétel : les cigares dont se servent les femmes du peuple ont un pouce et demi d'épaisseur sur sept à huit pouces de longueur, de sorte que pour introduire un pareil cigare dans la bouche il faut nécessairement en aplatir un des bouts ; chacun de ces gigantesques cigares dure un mois ou six semaines. Quant aux femmes des classes élevées, elles font usage pour fumer d'une feuille de tabac roulée dans du papier ou dans une paille de riz, ce qui se nomme *cigarillos*. Les dames nées dans l'île se conforment aux usages des indigènes, mangent le riz avec les doigts et s'asseoient sur des nattes, les jambes croisées, surtout lorsqu'elles ne sont pas en présence d'étrangers. Quand j'arrivai à Manille avec mon épouse, nous allâmes au *chemin tournant*, lieu où il est *du bon ton* de se promener le soir, et là sa surprise fut grande lorsqu'elle vit passer un cabriolet où se trouvaient deux jeunes dames élégamment mises, et le cigare à la bouche, tandis que le domestique, qui était sur le marchepied de derrière tenait à la main une mèche allumée ; en un mot l'usage de fumer est si généralement adopté que ceux qui ne fument pas passent pour des originaux.

Lors de mon premier voyage, ces îles avaient pour capitaine général un homme d'un mérite éminent, le marquis d'Aguilard, grand d'Espagne : lui et sa jeune épouse contribuaient, par l'affabilité de leurs manières ainsi que par le ton de la meilleure compagnie, à donner à la société du pays un vernis de politesse qui la plaçait à l'égal de la meilleure société d'Europe, tout en conservant quelque chose du luxe et des coutumes asiatiques qui ne peuvent s'effacer entièrement dans ces climats. On y était en outre très accueillant, de sorte que le temps s'y passait d'une manière fort agréable. La maison d'un des plus riches propriétaires était ouverte à toute la société du pays et étrangère, et l'on ne manquait jamais de s'y rendre chaque soir après la promenade au chemin tournant ; des rafraîchissements nombreux circulaient dans trois grandes salles où se pressait la société. La plus parfaite liberté présidait à ces réunions nombreuses, où se trouvaient les personnes les plus distinguées du pays, et la foule y était quelquefois si grande qu'il m'est souvent arrivé d'en sortir sans avoir même entrevu le maître de la maison ou celui de ses parents qui faisait parfois les honneurs à sa place.

Voici comment les Espagnols partageaient leur journée : à dix heures le dîner, puis repos jusqu'à cinq; on sortait alors à pied ou bien en voiture pour respirer l'air frais du soir, et à huit heures on rentrait pour se préparer à aller en soirée. Telles étaient les mœurs, et tel était l'état de la société à Manille à l'époque dont je parle; la douceur de ces relations de société provenait du bon exemple que donnait le capitaine général, et la bonté avec laquelle il m'a accueilli personnellement me fait un devoir de consigner ici le tribut de ma reconnaissance.

Quelques années après je revins à Manille, mais j'y trouvai de bien grands changements! La société, en perdant le marquis d'Aguilard, qui venait de finir sa carrière, avait en même temps perdu le bon ton et la tenue qui s'y faisaient remarquer auparavant; et bien que les choses parussent être restées sur le même pied, je remarquai bientôt que l'esprit d'indépendance qui agitait l'Espagne avait pénétré dans ces îles, en y détruisant la concorde qui fait le principal charme de la société.

La colonie des Philippines a sans doute plus

de valeur intrinsèque que toute l'Inde, mais malheureusement l'incurie et la superstition des gouvernants ont privé l'Espagne de la majeure partie des avantages qu'elle aurait pu en retirer. Les principales sources de revenus sont le tabac, le sel et la liqueur spiritueuse du coco, qui s'obtient en distillant le suc du cocotier. Cette liqueur est, dit-on, très saine et n'a pas d'odeur empyreumatique. On sait qu'il pousse au sommet du cocotier deux fortes tiges qui pendent de chaque côté; c'est sur elles que se développent les fleurs qui produisent les fruits. Lorsqu'il s'agit de se procurer du suc de coco, on fait une entaille à l'une des tiges et il en découle un suc d'où l'on retire par la distillation de l'eau-de-vie de coco. La tige ainsi entaillée ne produit plus de fruit cette année-là, tandis que l'autre tige en produit comme à l'ordinaire; de la sorte chaque cocotier fournit chaque année des fruits et de la liqueur. Les deux tiges s'entaillent alternativement d'une année à l'autre, de manière à en laisser toujours reposer une. C'est la classe moyenne qui consomme le plus de liqueur de cocotier.

On fait d'excellent sabayon avec cette eau-de-vie délayée dans des jaunes d'œufs battus; j'en ai pris plusieurs fois chez un riche Chinois établi dans ce pays, et marié à une femme de Manille. Ceci me rappelle une sorte de chaîne en or d'un travail exquis que les jolies filles de ce Chinois fabriquaient elles-mêmes. Le travail en était si menu et si parfait que je me suis souvent récrié sur la perfection de leur ouvrage. Voici comment elles s'y prenaient pour fabriquer ces chaînes ; elles commençaient par préparer des pièces d'une petitesse extrême dont trente composent un anneau. Ensuite les deux jeunes filles s'asseyaient par terre, les jambes croisées, et munies chacune d'un chalumeau, d'une lampe et de pinces. C'est avec des outils aussi simples que ces habiles ouvrières fabriquaient avec une vitesse inimaginable des chaînes tellement fines qu'il était impossible d'en distinguer les soudures.

La femme de ce riche Chinois était du pays, comme je l'ai dit, et ses filles étaient par conséquent des métis, nom que l'on donne aux enfants issus d'unions entre des Espagnols ou des Chinois et des femmes du pays. Les femmes métis ont généralement la peau plus blanche et sont infiniment plus agréables que les indigènes ; mais en revanche elles ont bien moins de vivacité et d'énergie dans le caractère que les Tagalitzènes. En un mot elles ont le laisser-aller et l'insensibilité des créoles, ce qui leur donne un air de froideur et d'indifférence peu attrayantes. Au reste ce sont les métis qui forment la classe la plus nombreuse et la plus riche de la population de Manille; les hommes sont fiers, jaloux, impérieux, et surtout profondément humiliés de ne pas être au niveau des Espagnols, leurs maîtres, dont ils descendent la plupart.

L'anecdote suivante donnera une idée de l'état d'irritation dans laquelle vivent les métis et des suites qui peuvent en résulter. Un mulâtre de la partie nord-est de Luçon, homme très riche et très influent, considéra certaines mesures que le gouvernement avait prises à son égard comme une offense, et pour s'en venger il engagea les habitants à se révolter. Comme il comptait un grand nombre de partisans dans les districts environnants, il est plus que probable que ses projets auraient réussi, et peut-être serait-il parvenu à s'emparer de toute cette partie de l'île, sans l'intervention efficace du curé de l'endroit. Déjà vingt mille hommes s'étaient réunis en armes quand ce religieux dominicain, vêtu de l'habit blanc de son ordre et tenant la croix entre ses mains, se présenta à eux, leur adressa la parole avec force, les menaça d'anathème s'ils persistaient dans leurs coupables intentions, et produisit en un mot un si grand effet que tous, le chef y compris, plièrent le genou et se soumirent. Telle est l'influence du clergé. Voici une autre aventure qui servira à donner une idée de la position du clergé catholique aux Philippines, position qui souvent est entourée de dangers réels. Ce fait concerne un religieux qui venait d'être nommé curé d'un district situé dans la partie méridionale de Luçon, lieu fort exposé aux incursions des Négrillos, habitants sauvages de hauteurs inaccessibles dans cette même partie de l'île. Ces sauvages, que l'on redoutait à cause de leurs incursions dans la plaine, où ils portaient le meurtre et le pillage, sont de petite taille, ont la peau presque noire et la tête garnie d'une sorte de laine crépue; on les considère généralement comme étant le reste de la population primitive; leur naturel sauvage a d'ailleurs résisté à tous les efforts qui ont été tentés pour les civiliser.

Ce religieux ayant été nommé à cette place, dont il prévoyait les dangers, résolut de se mettre en état de résister aux attaques des sauvages, et s'adressa pour cela au capitaine général, qui lui fit remettre deux petites pièces d'artillerie, cent fusils et les munitions nécessaires. Avec ces ressources le courageux ecclésiastique s'occupa à fortifier les approches de sa cure, plaça convenablement les deux pièces, et forma même des canonniers. Puis il choisit 100 hommes des plus robustes auxquels il enseigna l'exercice du fusil. Les choses étaient ainsi préparées quand les Négrillos, qui depuis longtemps n'avaient point paru, et qui ignoraient complétement les préparatifs qui avaient été faits, descendirent de leurs montagnes au nombre de plus de six cents hommes ; mais le curé et les habitants étaient sur leurs gardes. On les laissa approcher librement des canons jusqu'à une portée de pistolet, et l'on ouvrit alors un feu bien nourri de mitraille qui porta la mort et l'épouvante parmi les assaillants. Profitant aussitôt de la confusion qui était dans leurs rangs, le curé sortit à la tête de ses cent hommes d'élite, dont les décharges meurtrières produisirent le plus grand effet. Enfin, aidé par les habitants en masse, il exécuta une charge vigoureuse qui décida le combat, où la majeure partie des sauvages périrent, et quelques fuyards, en petit nombre, allèrent répandre la nouvelle du désastre dans la peuplade.

Je fis la connaissance de ce religieux trois ans après cette défaite des Négrillos, et il m'apprit que depuis lors ils n'avaient plus osé se montrer. Il serait superflu d'ajouter que les habitants lui témoignèrent la plus vive reconnaissance.

CHAPITRE XXI.

Ile de Luçon. — Productions. — Alimentation économique. — Filets à poisson. — Commerce. — Navires à Acapulco. — Richesses des couvents. — Commerce extérieur anéanti. — Gouvernement de l'île. — Le choléra à Manille. — Révoltes. — Étrangers assassinés. — Comment je fus sauvé. — Mort du consul danois et des chirurgiens français. — Insouciant sang-froid du capitaine général. — Fermeté du chef de l'artillerie. — Mon neveu échappe par miracle. — Mort du capitaine général. — Caractère des Tagalitz et avantages que l'on aurait pu tirer de cette colonie. — Conclusion de l'ouvrage.

L'île de Luçon, la plus considérable de celles des Philippines que possède l'Espagne, renferme plus d'un million d'habitants. Parmi le grand nombre de ses abondantes productions, nous citerons le coton, le café, l'indigo, la canne à sucre, le riz, le maïs, le tabac et le froment, dont le produit, sous une meilleure administration, pourrait s'accroître considérablement, en même temps que les prix baisseraient en proportion, la main-d'œuvre n'étant nulle part à aussi bon marché. Dans l'état actuel des choses on s'occupe peu d'améliorations, et les procédés de fabrication et de culture qu'emploient la majeure partie des habitants sont ceux qui étaient en usage lors de l'établissement de la colonie.

Diverses cotonnades et une toile tissée avec une plante d'une espèce particulière qui ressemble au lin se fabriquent dans l'île. Ces produits étant renommés pour leur beauté et leur solidité se vendent aisément dans les autres îles du groupe des Philippines, comme aussi dans l'archipel Oriental. L'extrême bon marché de ces objets excita d'abord ma surprise, mais elle cessa pourtant lorsqu'on m'eut appris à quel point la main-d'œuvre coûtait peu.

Parmi les diverses espèces de poissons que la mer fournit en grande quantité, ceux de l'espèce des sardines et du *riapuha* (55) abondent principalement. La mer rejette aussi sur les écueils une herbe marine d'une espèce particulière qui, cuite et réduite en bouillie, se transforme en une sorte de gelée qui est un bon aliment. Avec du sucre elle a un goût agréable, est très nutritive et coûte si peu qu'un homme peut s'en rassasier pour environ quinze centimes. Le riz, dont la classe inférieure fait usage, est aussi à fort bon compte : il est rare qu'il vaille plus de trois francs le pékul. Luçon produit encore une espèce de pomme de terre sucrée, des ignames en grande abondance, et beaucoup d'autres produits du sol qui, pour la plupart, sont très sains et très nutritifs. Il en est de même d'une sorte de fruit qu'ils nomment *plantane*, et dont on distingue sept espèces : on le mange cru et rôti. Il serait même superflu d'énumérer tous les genres d'aliments que produit cette terre fertile, et que la nature fait naître sans exiger le travail de l'homme.

Les habitants de l'île de Luçon, et généralement tous ceux des Philippines, sont d'habiles pêcheurs; ils pêchent le menu poisson avec un filet quadrangulaire, aux quatre coins duquel sont attachés des perches en bambou, dont les extrémités sont attachées ensemble et fixées à un levier qui tient lui-même au mât du radeau sur lequel voguent les pêcheurs. Ce filet se descend dans l'eau pendant l'espace d'un quart d'heure, d'où on le retire ordinairement avec huit à dix poissons. Si l'eau est limpide, on met un appât dans le filet; mais cela est rare, car les eaux du golfe et des rivières de

Manille sont généralement troubles. Je pense que ces filets sont d'invention chinoise, car j'en ai vu de semblables, mais d'une grande dimension, sur les côtes de la Chine. Les mâts et les leviers en étaient scellés dans les rochers du bord, et c'était au moyen de cabestans qu'on les retirait. Ajoutons que si l'on pêche beaucoup de menu poisson, ce n'est toutefois qu'à une certaine époque de l'année.

Il est vraiment fâcheux que le gouvernement espagnol ne se soit jamais occupé convenablement des Philippines, et qu'il les ait considérées comme une colonie secondaire, dépendante d'une autre colonie (l'Amérique du Sud), et qu'il n'ait pas autorisé le commerce direct avec l'Espagne. Cependant si l'on observe que non-seulement les îles Philippines, mais encore les îles Babuyanes et Marianes, dépendent du capitaine général de Manille, on reconnaît que les possessions espagnoles dans ces mers sont considérables. Autrefois tout le commerce que Manille était autorisé à faire se bornait à expédier un bâtiment chaque année pour Acapulco, lequel était naturellement très richement chargé. Depuis lors ce droit est étendu à deux bâtiments par an. Le chargement appartenait à la Compagnie espagnole des Philippines, à de riches couvents et à des particuliers aisés de la ville. Chaque employé du gouvernement avait le droit d'expédier par ces bâtiments une quantité déterminée de marchandises suivant son grade. Il lui était loisible de profiter lui-même de son droit ou de le céder à un tiers. Souvent de riches couvents ont prêté de l'argent à intérêt et dans ce but à de pauvres employés du gouvernement, en prenant en même temps l'assurance du navire à leur charge. Le chargement de la galiote qui se rendait à Acapulco était connu pour être si riche que les corsaires en temps de guerre guettaient soigneusement son passage, sachant bien ce que pouvait leur rapporter une prise semblable.

A l'époque de mon premier séjour à Manille, il n'était permis qu'à un très petit nombre de navires d'y aborder; c'étaient deux bâtiments venant de Madras avec l'autorisation de la Compagnie des Philippines, un navire portugais de Macao, une ou deux jonques chinoises, ou bien enfin quelques bâtiments indigènes de l'archipel Oriental. Il arrivait aussi de loin en loin que quelque navire américain y abordait sous le prétexte de manque d'eau et de provisions. En pareil cas, le capitaine, après avoir obtenu la permission d'entrer dans le port, demandait qu'il lui fût permis de vendre une partie de son chargement pour avoir de quoi payer les vivres qui lui seraient fournis. Une fois cette formalité remplie, il vendait communément toute sa cargaison et la remplaçait par des produits de Manille. Le gouvernement de l'île, en faisant semblant de ne s'apercevoir de rien, n'agissait que dans son propre intérêt, car par là les revenus s'accroissaient, tandis que ce commerce faisait prospérer la colonie. La seule production qui ne se vendît pas bien autrefois était le sucre; d'énormes tas de cassonade demeuraient sans emploi durant des années dans des magasins particuliers, et il était rare que le sucre se vendît à plus de 30 centimes le kilogramme; mais en 1820 le prix s'éleva tellement que le kilogramme put être vendu facilement à 75 centimes.

Il existe une mine d'or dans l'île de Luçon, mais il paraît que les Espagnols ne s'en sont pas occupés et qu'ils n'ont pas poussé loin les recherches; ajoutons que de toutes les colonies qui possèdent des richesses minérales, celles des Philippines sont les moins connues. Quant aux forêts, elles sont de la plus grande beauté, et le tek qui y croît ne le cède guère à celui de Java, car les bâtiments construits avec ce bois peuvent durer de quarante à cinquante ans. Les palmiers de Luçon se subdivisent en soixante-dix espèces différentes, dont une mérite principalement de fixer l'attention par la propriété qu'elle possède de se conserver dans l'eau ; aussi l'appelle-t-on *palmier à pilotis*. Le môle du port de Manille, qui a été construit dès l'origine sur des pilotis semblables, est encore d'une solidité parfaite; non-seulement ce bois se conserve dans l'eau, mais il s'y durcit et finit par se transformer en une espèce de pierre.

Malgré la population considérable de ces îles, on en exporte chaque année une grande quantité de riz pour la Chine, bien que sa culture laisse encore beaucoup à désirer. Tous les fruits des tropiques y croissent aussi en abondance. Les ananas et les *mangos* y sont sans pareils; mais le premier de ces deux fruits est dangereux quand on en abuse, car il engendre alors des fièvres pernicieuses ; quant aux *mangos* bien mûrs, on peut en manger sans inconvénient. Nous regrettons de ne pouvoir donner une description détaillée de tous les fruits succulents et inconnus en Europe qui y croissent ; cette énumération étendue dépasserait de beaucoup les bornes de cet ouvrage. Le gibier y est en grande quantité : il consiste surtout en canards, perdrix, pigeons sauvages, sangliers et chevreuils. Des singes, des perroquets et une foule d'oiseaux du plus riche plumage peuplent les forêts de Luçon. Le chasseur aurait donc de quoi se satisfaire amplement sans les énormes serpents qu'il est exposé à rencontrer. Quelques-uns de ces reptiles sont très dangereux, d'autres au contraire, et principalement les grands serpents, les beaux serpents verts et les serpents d'eau, ne sont nullement à redouter. Mais ce qui dégoûte et incommode le plus les étrangers, ce sont les scorpions et les mille-pieds ; la piqûre de ces insectes, bien qu'elle ne soit pas mortelle, est pourtant vénéneuse, occasionne une douleur insupportable et produit une enflure qui dure plusieurs heures. Ces hôtes incommodes s'introduisent dans les maisons et pénètrent jusque dans les lits, si les domestiques chargés de maintenir la propreté n'y font pas beaucoup d'attention. Les lézards parcourent toutes les murailles des chambres, et quoiqu'ils soient tout-à-fait inoffensifs, leur aspect a quelque chose de repoussant; mais comme ce sont eux qui font la guerre aux mouches et aux cousins, dont ils se nourrissent, on ne s'attache pas à les détruire.

La population nombreuse de Luçon et des îles environnantes, population qui s'élève à trois millions d'habitants, ne suscita pas d'obstacles au gouvernement jusqu'à l'année 1820, grâce à l'heureuse influence du clergé. A cette époque l'esprit d'intrigue et d'insubordination, qui depuis longtemps s'était glissé parmi les métis, trouvant un nouvel élément d'excitation dans la publication de nouvelles institutions politiques sous le nom de *Nao Constitution* (56), éclata parmi les classes inférieures, et le feu de la sédition se propagea rapidement. Au reste le soulèvement ainsi que le massacre des étrangers, qui se prolongea pendant deux jours, ne doivent pas être attribués à cette seule cause, car les autorités locales elles-mêmes n'y demeurèrent pas étrangères.

En effet les autorités et le clergé considéraient avec envie les avantages dont jouissaient les étrangers qui s'étaient établis à Luçon, et auxquels on était pourtant redevable de l'amélioration de l'agriculture et de l'industrie manufacturière; ce fut principalement cette cause qui les décida à en venir aux dernières extrémités pour effrayer par un exemple les étrangers qui penseraient désormais à venir s'établir dans l'île.

Mais le meurtre et la sédition n'étaient pas les seuls fléaux qui dussent s'étendre sur Luçon ; bientôt le choléra, apporté de l'Inde par un navire, éclata avec violence et ajouta les ravages de l'épidémie aux maux qui pesaient déjà sur l'île. Rien ne saurait donner une idée du courage et du dévouement que montrèrent les médecins étrangers, alors même que la maladie sévissait avec le plus de violence à Tondo et Binondo. C'étaient surtout les pauvres qu'ils s'appliquaient à soulager en leur distribuant gratis les remèdes convenables. Malheureusement des Espagnols malintentionnés profitèrent de ces tristes circonstances pour répandre le bruit que le mal était dû aux étrangers, qui, pour se débarrasser de la population indigène, semaient le poison. Quelques individus de Tondo et Binondo, où, comme nous l'avons dit, la maladie sévissait avec le plus de force, vinrent compléter l'exaspération d'une populace avide de sang. Un soulèvement eut lieu, et les médecins étrangers tombèrent les premiers sous les coups des assassins ; après quoi le peuple se porta avec furie vers les demeures des étrangers, dans l'intention de les détruire toutes. Dans ces graves circonstances, non-seulement les autorités n'agirent pas pour ramener l'ordre, mais l'on vit même des agents de police marcher à la tête des rassemblements et leur désigner les maisons qu'il fallait piller de préférence. Pourtant le capitaine général avait été prévenu à temps, et le consul danois lui avait même écrit deux fois pour lui dépeindre sa position et celle de ses amis, qui étaient venus chercher un refuge chez lui. Que fit le capitaine général ? Il traversa la ville entouré de ses gardes, vit les corps ensanglantés des médecins français, qui, après le massacre, étaient demeurés étendus à la place où ils avaient péri, vit aussi le rassemblement tumultueux qui s'acharnait à enfoncer la porte du consul danois, et n'en continua pas moins son chemin avec un sang-froid inexplicable. Aussi qu'en résulta-t-il ? Un quart d'heure après la porte s'écroula, et le malheureux consul, sa famille et les amis qui l'entouraient furent massacrés ! Tous les Européens éprouvèrent le même sort, et il n'est point d'indignités que n'aient commis les assassins sur le corps des victimes ; après quoi ils réunirent ces malheureux restes aux meubles des maisons, et le tout fut brûlé en place publique. Cette scène de carnage dura pendant trois heures sans qu'un seul soldat fût sorti du fort pour y mettre un terme!

Les séditieux, après en avoir fini avec les Européens, voulurent s'en prendre aux riches Chinois; mais comme beaucoup d'Espagnols avaient des marchandises dans les magasins de ces Chinois, de fortes plaintes s'élevèrent de leur part et contribuèrent aux mesures qu'on se décida à adopter trop tard. Celui du reste qui s'opposa seul et avec énergie à la continuation de ces scènes sanglantes fut le commandant de l'artillerie; les représentations qu'il fit au capitaine général furent si fortes qu'en sortant de chez lui cet officier annonça qu'il allait faire avancer son artillerie et tirer à mitraille sur les rebelles. Une démarche aussi décidée obligea le capitaine général à sortir de son inertie et à déclarer la ville en état de siége, en ajoutant que si tout ne rentrait pas immédiatement dans l'ordre il ferait agir la force armée. Cette mesure produisit l'effet le plus salutaire, et une heure après la publication de la proclamation il ne restait pas un seul insurgé dans les rues.

On a peine à se figurer la quantité de marchandises composant des chargements préparés dans les magasins, qui furent lacérées, brûlées ou jetées à l'eau dans cette échauffourée. Quant à moi, si j'échappai au massacre, j'en fus redevable à une incommodité qui me retenait alors à Macao avec ma famille, pour y recevoir les soins du chirurgien de la factorerie britannique. Mais ma maison avec tout ce qu'elle contenait, ainsi que mon jardin, furent détruits de fond en comble ! Je perdis là une plantation précieuse que j'avais recueillie au risque du plus grand péril dans une des îles Sandwich, et que j'avais cultivée dans l'intention d'en enrichir la Russie. Ma maison fut donc entièrement détruite, et ce qui tient du prodige, c'est que mon neveu, qui s'y trouvait alors, parvint à échapper aux assassins, et voici comment. Quand il vit approcher le rassemblement, son premier soin fut de barricader la porte de la maison ; mais ayant reconnu ensuite le nombre des assaillants il se décida à l'ouvrir ; déjà le poignard était levé sur sa poitrine, quand un soldat que la curiosité avait porté à suivre le rassemblement et qui connaissait mon neveu, prit sa défense et parvint à contenir les séditieux jusqu'au moment où un de leurs chefs vint le réclamer. Cette circonstance ne l'aurait point soustrait au sort qui le menaçait si l'on n'avait su qu'il était médecin. Aussitôt on le mena chez des cholériques, et le succès qui couronna les soins qu'il leur donna changea tellement les dispositions de ses persécuteurs qu'ils passèrent de la haine à la vénération.

Cependant le feu de la sédition n'était pas éteint ; bientôt il y eut une nouvelle émeute principalement dirigée contre les Espagnols. Le capitaine général, qui avait montré tant de faiblesse à la première, déploya une grande sévérité ; mais le succès avait trop enhardi les meneurs, et il périt lui-même sous les coups des assassins ! Le peuple prit alors tant de goût aux soulèvements qu'il en fit éclater bientôt un troisième qui fut le dernier, car il ne tarda pas à être apaisé par l'arrivée d'un nouveau capitaine général et d'un surcroît de garnison.

Tels furent les troubles de Manille, qui sembleraient faire croire à un caractère de cruauté de la part des habitants, opinion que je dois chercher à rectifier, car les habitants de Luçon sont même bons de leur nature, et les scènes affreuses que je viens de décrire n'étaient que le résultat de menées démagogiques et de l'influence du choléra ; ce peuple est d'ailleurs le plus gai des Asiatiques. L'intelligence et la facilité à s'instruire ont été dévolues aux Tagalitz; ils aiment la musique, et grand nombre d'entre eux jouent bien de la guitare, du violon et du piano. Ce qui ne convient pas à ce peuple, ce sont les travaux qui exigent de la force; aussi les abandonnent-ils à des Chinois, moyennant salaire; d'ailleurs ils font de bons matelots et de braves soldats. Ils ne pensent qu'à jouir de la vie dans leur beau climat, et le *dolce far niente* est en un mot leur occupation favorite, sans compter les amusements du pays, dont le principal est le combat de coqs.

Je doute qu'il y ait nulle part des coqs aussi forts et aussi ardents qu'à Luçon; quand il s'agit de les faire combattre, on arme leurs pattes d'éperons meurtriers, dont la forme se rapproche du sabre. Dans une des courses que je fis dans ces différentes îles, j'eus occasion d'assister à un combat de cette espèce qui se vidait en présence d'une assemblée nombreuse de Tagalitz; là on me montra un homme qui avait perdu à ce jeu non-seulement son argent, ses biens fonds, sa maison, enfin tout son avoir, mais encore sa femme et ses enfants, qui étaient devenus la propriété du gagnant.

Les Tagalitz sont très bons cavaliers; leurs

chevaux, quoique de petite taille, sont pleins d'énergie, vifs et infatigables. Jamais ils ne leur permettent de se coucher, et malgré toute la pitié que m'inspiraient mes propres chevaux, je ne pus jamais persuader à mon cocher de renoncer à l'habitude du pays; il m'assurait que ce serait le moyen de les gâter de suite. L'attachement des domestiques pour leurs maîtres est général; les Espagnols ne tarissent pas en éloges à cet égard, et l'expérience me l'a démontré à moi-même.

Je crois pouvoir affirmer que les Tagalitz, sous une meilleure administration, seraient sûrement devenus un peuple remarquable, et cela est d'autant plus à présumer qu'ils habitent une contrée où la nature s'est plue à répandre ses dons avec abondance.

Terminons ici cet ouvrage, et concluons par l'axiome : « DELIBERANDUM EST DIÙ QUOD STATUENDUM SEMEL. »

FIN.

NOTES*.

1.

Péï est le nom chinois de ces permis ; ce sont seulement les Européens qui emploient celui de tchope pour les désigner.

2.

D'après les données les plus récentes, Macao contient 48,305 habitants des deux sexes. Cette population se compose de 45,000 Chinois et de 3,305 Européens, dont 1,075 hommes, 1,695 femmes et 537 esclaves.

3.

Les îles voisines de Macao sont formées de roches énormes d'un granit grisâtre à grains serrés. Ce granit est exploité avec beaucoup d'art par les Chinois, qui en retirent des blocs considérables et des colonnes. Le moyen qu'ils emploient consiste à pratiquer un certain nombre de trous

* La majeure partie de ces notes appartiennent à l'édition russe; il n'y a que celles marquées d'astérisques qui aient été ajoutées.

que l'on remplit d'eau, d'où il résulte que ces masses se détachent facilement quelques mois après.

4.

Le brave capitaine Makswell, par la leçon qu'il donna aux Chinois, leur a pourtant prouvé qu'ils s'abusaient grandement sur la force de ces fortins.

5.*

Pennangue (Poulo), port anglais dans l'île du prince de Galles, détroit de Malacca ; 5° 20' latitude nord. Lorsque les Anglais s'y établirent pour la première fois en 1786, on n'y trouva que quelques bouquets d'arbres ; actuellement elle est couverte d'aloès, de bois de fer, de tek, etc., et c'est le principal entrepôt du commerce anglais dans le détroit. Population, 40,000 individus.

6.

Pékul est le nom malais d'un poids équivalant à kilogr. 60,5764.

7.

La valeur de l'opium importé à Canton en 1830 par la Compagnie des Indes s'est élevée à 12,057,137 piastres d'Espagne (63,902,826 fr.); en 1816 elle n'avait été que de 2,637,000 piastres (13,966,100 fr.). Voilà jusqu'à quel point le commerce s'est accru ! Ces renseignements ont été puisés dans les rapports présentés au parlement d'Angleterre et insérés dans le journal *The Courier*.

8.

Pour diminuer les voiles, les Chinois les descendent

plus ou moins suivant l'intensité du vent, en roulant sur le pont la partie inférieure excédante : moyen très commode pour prendre des ris.

9.

Chunam est aussi le nom du mastic qu'emploie l'ouvrier. Ce mastic qui fait l'office de colle est d'une excellente qualité ; il sert à finir le papier qui, étant d'ailleurs huilé, ne laisse pénétrer aucune humidité.

10.

Si jamais le gouvernement anglais se décidait à anéantir les priviléges de la Compagnie des Indes et à rendre la liberté au commerce avec la Chine, la question de l'importance de cette institution ne tarderait pas à être résolue ; je suis convaincu que deux années ne s'écouleraient pas sans que la mésintelligence éclatât. Ne voulant pas aborder une discussion approfondie, je me bornerai à dire qu'il serait aisé de produire un grand nombre d'arguments en faveur du monopole, arguments dont ceux qui n'ont pas eu l'occasion d'observer les Chinois de près ne peuvent réellement pas apprécier la justesse.

11.

Nous extrayons la lettre suivante des journaux anglais ; elle est écrite de l'île de Litine, sur les côtes de la Chine, et donne une idée de ce qu'étaient les rapports de la Compagnie des Indes avec les Anglais en 1831.

« Celui qui habite loin de la Chine peut difficilement apprécier la situation politique de cet empire. N'ayant rien de particulier à vous dire pour le moment, je vais essayer de vous donner une idée de l'état des affaires ici, ce qui attire maintenant l'attention de toute l'Inde britannique. Je ne m'arrêterai pas à la cause des plaintes qui se font entendre, car à cet égard les journaux vous auront suffisamment instruit. Vous savez que les affaires de la Compagnie des Indes-Orientales sont dirigées par quatre des plus anciens membres de la factorerie; mais il n'y en a en ce moment-ci que trois, dont les deux plus jeunes se sont ligués contre le directeur en chef; le troisième, faible de santé et par caractère, n'a pas l'énergie nécessaire pour maintenir sa suprématie sur les deux autres, bien qu'il ait parfaitement le droit d'agir sans leur approbation. Vous savez également que la Compagnie se donne, dans l'Inde, l'air d'être une puissance qui ne reconnaît rien au-dessus d'elle, et c'est là la véritable cause du peu de succès de toutes nos ambassades. Pour masquer leur condition dépendante, les membres de la factorerie ont si bien su mêler leurs affaires à celles du pays que les Chinois sont réduits à supposer que nous n'avons que les seuls intérêts de la Compagnie à ménager. Quant au gouvernement de Pékin, il sait parfaitement à quel point l'influence de la Compagnie diminuerait si l'on venait à lui enlever le commerce du thé. Je pense que nous ne ferons jamais rien ici tant qu'il n'émanera pas de l'Angleterre elle-même un pouvoir différent du pouvoir actuel et libre de tout rapport avec la Compagnie. Mais aussi longtemps qu'il demeurera permis à la factorerie d'aller mendier des renseignements aux autorités subalternes des districts, alors que ces renseignements devraient être demandés par les officiers supérieurs anglais aux chefs du gouvernement chinois, jusqu'à ce moment-là tous les essais des Anglais en Chine tourneront à leur honte, et leur susciteront des désagréments. Si le caractère personnel et la fermeté de l'amiral Owen ne servent pas d'antidote, et si, sans faire attention à la Compagnie, il ne montre pas aux Chinois qu'il agit dans l'intérêt de la nation et non pour assurer des avantages à une société de marchands faisant le commerce du thé, je crains bien que la résolution qu'on a prise de vaincre l'obstination des Chinois ne se termine comme toutes les précédentes. Désirant vous montrer tous les ressorts secrets de cette affaire, je vais m'efforcer de vous l'exposer avec toute l'exactitude possible. La frégate *le Challenger*, de 48 canons, arriva à Macao le 4 décembre; le 6, la factorerie s'adressa au hong en le priant de demander au vice-roi s'il désirait que le capitaine Frimentl lui remît en mains propres la lettre du gouverneur général de l'Inde, à moins qu'il n'aimât mieux envoyer un officier supérieur pour la recevoir. Vous pouvez juger vous-même à quel point il était peu raisonnable d'employer un tel détour quand on n'a pas de moyens à sa disposition pour soutenir ses prétentions par la force. J'ignore de quel droit la factorerie de la Compagnie avait osé se poser en intermédiaire entre le capitaine anglais et l'autorité locale; je sais seulement que si son désir sincère était en effet de l'assister, elle recourut en cette occasion à la mesure la plus déraisonnable. Le vice-roi, comme on devait s'y attendre, répondit qu'il ne ferait ni l'un ni l'autre, et que si le capitaine anglais avait une lettre à lui remettre, il pouvait la lui faire parvenir par les négociants du hong. Durant ce temps, le capitaine Frimentl s'était déjà dirigé vers Canton; mais il reçut en route la réponse du vice-roi que la factorerie lui fit parvenir, en lui conseillant de revenir à Macao, où il se trouve actuellement. Sa frégate et *la Clive* sont à l'ancre, au milieu des bâtiments contrebandiers auxquels les Chinois ont défendu de s'approvisionner à Macao. 500 hommes de troupes chinoises occupent cette dernière ville, qui n'appartient que de nom aux Portugais; elles y sont entrées sous le pretexte de protéger les habitants portugais; on y attend encore 5,000 hommes. On dirait aussi qu'ils examinent l'état des fortifications, dans lesquelles du reste il n'y a pas une seule pièce en bon état. En outre 500 hommes occupent une île voisine, et une quantité de chaloupes de guerre se tiennent à Boca-Tigris. Telles sont les forces militaires que nous avons ici. Pour ce qui est des forts auprès de Boca, je pense qu'une centaine de nos soldats de marine suffiraient pour s'en emparer, et qu'une seule frégate qui s'embosserait au milieu du canal pourrait les ruiner de fond en comble.

« Je reçois à l'instant la nouvelle que le vice-roi vient de se décider à envoyer un officier supérieur vers le capitaine; mais que celui-ci ne se presse pas d'aller à sa rencontre; espérons qu'il attendra l'arrivée de l'amiral Owen. »

12.

Pour mettre ordre à cet état de choses, il faudrait que les puissances européennes, renonçant à tout sentiment de jalousie nationale, s'entendissent pour envoyer un ambassadeur à Pékin, avec mission de porter plainte contre les abus qui se commettent, et demander en même temps de nouveaux règlements. Si ces remontrances demeuraient sans effet, on recourrait à la force des armes pour contraindre le gouvernement chinois à faire droit à d'aussi justes plaintes.

13.

L'empereur régnant actuellement en Chine se nomme Taou-Kuang ; il est le second fils de Kia-King et parvint au trône à l'âge de 39 ans. Taou-Kuang n'est pourtant pas précisément le nom de l'empereur, mais plutôt celui de la période de son règne : ce mot signifie *lumière de l'âme.*

Le nom de la dynastie régnante est Min, mais il est tellement vénéré des Chinois qu'ils ne souffriraient pas qu'on le prononçât en leur présence ; jamais eux-mêmes ne l'emploient. En Europe c'est le nom de la période du règne que l'on a l'habitude d'appliquer à l'empereur régnant. Le père de cet empereur mourut en 1820, et choisit son second fils pour lui succéder, à cause du courage remarquable dont il avait fait preuve en 1812, lorsque des factieux tentèrent de s'emparer du palais impérial de Pékin. Il y eut six jours d'interrègne après la mort du défunt empereur, ce qui fait que le règne actuel date du 9 septembre. La période du règne actuel reçut d'abord le nom de Youen-Hoey (excellence primitive) ; mais cette dénomination ne tarda pas à être remplacée par celle qui est actuellement en usage. Les séditions qui ont troublé le règne précédent sont rapportées dans un ouvrage chinois, le Tsin-Young-Ky, publié en 1820. (Voyez *Indo-Chinese Gleaner.*)

C'est à tort qu'on reproche aux Chinois de donner à leur pays le nom de *Céleste Empire* ; ce nom n'existe point en Chine, mais l'erreur provient de ce qu'on a mal traduit les mots *tîan hia*, qui signifient proprement *sous le ciel*, expression qui s'emploie pour désigner la terre ; ainsi *iû tîan hia* signifie *dans la terre* ou *sur la terre* et non pas *du ciel.*

Au reste, il est des traducteurs qui rendent ces mots par la phrase *empire central.*

14.

La frontière de Kiakhta, et plus particulièrement Albasine (Albasinsk), ont fourni aux Russes, dans le courant du dernier siècle, l'occasion d'éprouver la faiblesse des troupes chinoises.

15.

Il n'y a que les terrains bas et faciles à inonder qui conviennent à la culture du riz ; il en existe pourtant une espèce particulière qui croît sans les secours d'inondations ; mais on ne peut le récolter qu'une fois par an ; aussi est-il peu cultivé dans les environs de Canton.

16.

M. Milne, missionnaire protestant, a publié en 1817 (Rev. William Milne) une traduction du saint édit de l'empereur Yung-Tchin, en seize discours, avec les additions de son fils l'empereur Khan-Hi, commentées par un mandarin. Voici un extrait du travail de M. Milne.

L'usage constamment suivi par les empereurs de publier de temps en temps des édits concernant la morale, l'agriculture et l'industrie, date de la fondation de la monarchie. L'empereur est non-seulement chef de l'État, pontife suprême et principal législateur, mais il est aussi à la tête des savants et premier littérateur. Son devoir n'est pas seulement de gouverner la nation, mais encore de l'instruire ; au reste gouverner et instruire sont synonymes en chinois.

Tous les désordres et les délits, de quelque nature qu'ils soient, naissent de l'ignorance, et la meilleure manière d'améliorer l'espèce humaine est, suivant l'opinion des Chinois, de l'éclairer. Tous les décrets et toutes les ordonnances sont des instructions ; les ordres se donnent en forme et même sous le nom de leçon dont les châtiments et les supplices sont les compléments.

Le mot *souverain*, pris dans une acception rigoureuse, exprime en chinois l'idée d'un père qui, instruisant ses enfants, doit se montrer sévère à leur égard. Aussi le mode de gouvernement qui se fonde sur cette idée est-il à leurs yeux un gouvernement patriarcal.

Parmi les ordonnances politico-morales issues de ce principe qui ont été publiées dans les temps modernes, la plus remarqnable est le *saint édit* qui renferme seize préceptes publiés par l'empereur Khan-Hi, et augmentés par son successeur Yung-Tchin. Vanh-Eu-Po, mandarin et chef des salines de Chen-Si, a commenté cette ordonnance, et ce commentaire est très répandu en Chine.

On lit dans la préface de la traduction de M. Milne qu'en remontant au temps où la dynastie de *Tchéu*-régnait en Chine, c'est-à-dire du treizième au troisième siècle avant notre ère, le premier jour de chaque mois était destiné à la publication des lois. En imitation de cette antique coutume, c'est le premier et le quinzième jour de chaque mois que l'on explique le saint édit au peuple. Dans chaque ville ou village, les autorités locales ou municipales, revêtues de toutes les marques de leurs dignités, se rassemblent auprès de la salle ou du lieu destiné à ces réunions. Le maître des cérémonies, personnage indispensable dans une réunion de Chinois, ordonne à haute voix à tous les assistants de passer dans le lieu des séances, en observant la gradation des rangs et des titres, et exécutant préalablement devant les tables de l'édit impérial les neuf prosternements et les trois génuflexions prescrits. Après cela, tous se placent en silence et le maître des cérémonies dit : *Commencez avec recueillement!* L'employé civil, qui est chargé de lire, s'approche alors d'une espèce d'autel, se met à genoux, et prend respectueusement celle des tables qui contient le précepte choisi pour la lecture du jour. Un des vieillards qui l'entourent reçoit alors la table de ses mains et la dépose sur un pupitre placé en face de l'assistance, ensuite l'employé civil prend un marteau en bois, frappe un coup qui prescrit le silence, et le maître des cérémonies dit : *Expliquez le précepte*, ce que l'employé civil exécute.

Les seize préceptes, composés chacun de sept démonstrations ou discours, ne renferment rien qui mérite tout ce cérémonial ; ce sont des préceptes connus de morale, prescrivant l'amour des enfants pour leurs parents, la soumission à leur égard, l'union des familles, l'application à l'agriculture ; enseignant la manière de conserver les mûriers, énumérant les avantages des occupations littéraires et finissant par exiger l'éloignement de toute religion étrangère. Ils conseillent aussi d'enseigner les lois, afin que les ignorants et les malintentionnés évitent de les enfreindre ; ils exigent qu'on instruise les enfants pour prévenir les écarts dont ils pourraient se rendre coupables plus tard, qu'on soutienne les bons contre les méchants, qu'on dénonce ceux qui donnent asile aux repris de justice, qu'on acquitte exactement l'impôt, et qu'on rende les chefs de famille, dizeniers et centeniers, réciproquement responsables de la poursuite des voleurs, etc. Il serait sans doute plus intéressant pour nous de savoir les moyens que les Chinois mettent en usage pour faire observer ces préceptes que de connaître les préceptes eux-mêmes, car ils sont trop généraux et trop indéterminés.

Le commentaire de l'empereur Yung-Tchin et du mandarin Vanh-Eu-Po sur chaque paragraphe de l'édit offrent beaucoup plus d'intérêt, car ils nous donnent des notions sur le caractère et les mœurs du peuple, ainsi que sur l'esprit du gouvernement. Les paragraphes sur la morale traitent de ce qui devrait être et non pas de ce qui est réellement. Yung-Tchin insiste principalement sur le mal que peuvent faire les sectes étrangères; le bouddhisme surtout attire son animadversion, et il en tourne les dogmes et le culte en dérision. En parlant entre autres de la puissance que les sectaires de Fo attribuent à de certaines paroles, comme par exemple *amida bouddha* (substance incréée), qu'ils répètent sans cesse, croyant se laver ainsi de leurs péchés et se sauver, il ajoute : « Supposons, par exemple, que vous ayez contrevenu aux lois et que l'on vous ait amené au tribunal pour être jugé et puni; croyez-vous donc qu'il vous suffira alors de crier de toutes vos forces : *Votre grandeur*, pour que les juges vous absolvent? » Il dit encore quelque autre part : « Croyez-vous donc que si vous manquez à brûler du papier doré sur l'autel de Fo, ou si vous ne lui sacrifiez pas des victimes, croyez-vous que votre dieu s'en montrera courroucé et qu'il vous punira? S'il le faisait, j'en conclurais que votre Fo n'est qu'un pauvre hère! Prenons encore pour exemple un chef quelconque; si vous ne le saluez pas profondément, mais que vous remplissiez exactement vos devoirs, vous priverait-il pour cela de sa protection ; ou bien si vous enfreignez les lois, mais que vous vous incliniez profondément devant lui, croyez-vous qu'il vous pardonnerait ? » Le christianisme lui-même n'a point échappé à la critique du commentateur chinois. « La secte du Seigneur du ciel, » dit-il, « qui s'occupe du ciel, de la terre et des substances incorporelles, est également dangereuse ; aussi le gouvernement ne souffre les Européens qui la professent qu'à cause de leurs connaissances en astronomie et en mathématiques, qui leur servent à régler le calendrier ; mais il faut se garder d'en conclure que leur religion soit bonne, et quoi qu'ils puissent vous dire, vous ne devez pas suivre de pareils enseignements. »

On remarque dans tous ces préceptes une certaine franchise ; un exemple suffira pour prouver qu'en effet ils n'ont rien de forcé et de subtilisé. Après avoir démontré que, malgré la complication des lois et leur subdivision en paragraphes, on peut cependant les réduire à des préceptes simples, que le ciel a gravés dans nos cœurs, il continue ainsi : « Quoique vous, peuple, et vous, militaires, ne soyez, par votre nature, que des sots et des ignorants, incapables de vous rendre aux preuves et à la raison, cependant l'attachement que vous avez pour vos familles, et votre amour de vous-mêmes, devrait vous faire sentir qu'une fois tombés dans les rets de la loi vous aurez à souffrir mille tourments. Ne vaut-il donc pas mieux vous amender dans le silence des nuits que d'attendre le moment où le bâton vous frappera et où vous pousserez de douloureux gémissements ? »

17.

Les sampanes sont des bateaux de forme particulière et d'une dimension moyenne.

18.

Les Chinois se servent, en guise de fourchette, de deux petites baguettes qu'ils tiennent dans une main, et avec lesquelles ils saisissent leurs aliments, qui sont toujours découpés par petits morceaux.

19.

82 à 93 degrés du thermomètre de Farenheit équivalent de 22 à 27 degrés de celui de Réaumur.

20.

Le plus célèbre président de la Compagnie du hong, depuis Puhan-Kai-Qua, a été Hovka. Voici ce qu'on lit à son sujet dans une lettre de Canton du 27 février 1832 (*The Morning Herald*) : « Il vient d'arriver ici un événement très important pour le monde commercial ; le riche capitaliste chinois Hovka, chef de la Compagnie du hong, a rompu tout rapport de commerce avec la Compagnie des Indes-Orientales et son comité. C'est là un coup terrible pour ceux qui ont prêté leur argent à divers négociants de cette Compagnie, parce que c'étaient les grandes richesses et le crédit de Hovka qui garantissaient principalement ces emprunts. Le vieux Hovka a surtout à se plaindre de n'avoir pas été remboursé de 350,000 piastres (1,890,000 fr.) que la Compagnie lui doit, tandis qu'elle venait d'expédier deux millions de piastres (10,800,000 fr.) en Angleterre. Une injustice aussi flagrante a excité une indignation générale, même en Angleterre.

21.

La *tcholane* ou *tchoulane* est une fleur qui croît en Chine.

22.

On distingue deux sortes de grillons, dont l'un habite les maisons, principalement auprès des foyers, dans les endroits chauds et humides, et se reconnaît à son désagréable sifflement; l'autre, qui habite les champs (field cricket), est de l'espèce des cigales, dont il ne diffère que par sa couleur brune; et c'est là le grillon dont les Chinois se servent pour leurs amusements. En traversant la Sibérie, je m'étais arrêté un jour auprès de la route pour prendre du repos, lorsque je remarquai mes deux domestiques chinois occupés à regarder attentivement dans l'herbe. M'étant approché, je vis que l'objet qui excitait leur intérêt était un de ces grillons qui défendait de toutes ses forces une petite butte de terre sur laquelle se trouvaient deux ou trois femelles, et à peine était-il parvenu à terrasser un assaillant qu'un autre se présentait et donnait lieu à un nouveau combat. Mes deux Chinois ne pouvaient se rassasier de ce spectacle, et s'étonnaient d'avoir retrouvé en Sibérie leur passe-temps favori. Ceci prouve d'abord que ces insectes sont naturellement dans un état d'hostilité, et puis à quel point les Chinois aiment ce divertissement national.

23.

Cent *katti* font un *pékul*, qui équivaut à kilogr. 60,5764.

24.

Les hordes, dont je veux parler, sont les Mantchoures et les Tartares conquérants de la Chine.

25.

Les mandariniers produisent la meilleure espèce d'oranges, très grosses, mais aplaties; la peau n'est point adhérente au fruit. Cet arbre est de l'espèce des citronniers.

26.

Sous la dénomination de *tchope* on entend généralement tous les papiers et documents d'affaires.

27.

Fan-kuay, mot chinois qui signifie *diables étrangers*.

28.

Voici quelques détails, puisés à diverses sources, sur les cérémonies des mariages en Chine; en les confrontant avec ce qu'en rapporte l'auteur, on remarquera que les légères différences qu'il peut y avoir proviennent de ce que les usages des Chinois du midi de l'empire diffèrent de ceux des habitants du nord; d'ailleurs il est bien rare que plusieurs personnes, observant un fait à diverses époques, se rencontrent dans leurs jugements.

I.

Extrait d'une traduction du Chinois par M. Clarck (Henry Matthieu Clark).

Lorsqu'une jeune fille en Chine atteint l'âge de douze ou treize ans, on s'occupe de la marier, et sa famille charge un ami de lui chercher un époux. L'ami, après avoir fixé son choix sur un parti convenable, va trouver les parents du jeune homme et leur remet en écrit, et sur une feuille de papier rouge, l'année, le mois, le jour et l'heure de la naissance de la jeune personne. Si les choses paraissent convenir, les parents du jeune homme lui remettent à leur tour une feuille semblable. Ces préliminaires accomplis, on entre en conférence, et si les convenances se trouvent dans les choix réciproques, on présente la mère du futur à la future, et le père de celle-ci au futur.

Les grands parents sont appelés ensuite à donner leur consentement; et ceci fait, le mariage est considéré comme définitivement conclu. On choisit un jour pour la signature du contrat, et ce jour-là le futur envoie à la jeune fille des présents consistant en parures et d'autres objets de prix, sans compter des boîtes de fruits confits; il reçoit en retour des chaussures, etc.

Après que ces formalités ont été remplies, il se passe plusieurs mois, et même parfois trois ou quatre ans, jusqu'au jour où la famille du futur envoie à la maison de la future d'énormes pâtés sous la forme de dragons et d'oiseaux; on y joint parfois des moutons, des porcs, des oies et des sucreries, du vin et même des monnaies d'argent. La future répond à cette prévenance en envoyant de son côté divers vêtements à son futur époux. Alors se fixe le jour où les clauses du contrat seront remplies. Ce jour arrivé, le jeune homme reçoit la dot et des présents, et il envoie les chaises à porteur destinées à sa fiancée et aux parents. Ces chaises ont diverses formes et le cortége se compose d'un grand nombre de gens portant torches et lanternes, et de troupes de musiciens et de chanteurs plus ou moins nombreuses, suivant la fortune de la mariée. La jeune épouse arrivée, son mari la reçoit et la conduit dans une chambre désignée d'avance. Là elle ôte son voile, et son mari la voit pour la première fois; c'est aussi dans cet appartement que se réunissent les parents et convives de la noce : enfin le signal du départ est donné par un faisceau de baguettes brisées que l'on jette au milieu de l'appartement, comme marque de l'espoir qu'ont les assistants de voir une postérité nombreuse sortir de cette union.

Dès le lendemain la mariée adopte la coiffure de femme, coiffure uniforme que toutes les femmes mariées portent en Chine; puis elle met une robe rouge pour aller à la pagode avec son mari, suivie de musiciens, remercier les dieux; de là on va saluer les tombes des ancêtres, pour finir par une visite aux parents. Le soir de ce jour, les anciennes compagnes de la jeune femme viennent la voir et se joignent aux nombreux convives qu'on a invités la veille pour prendre part au repas de noce.

Le troisième jour les deux époux se rendent séparément chez les parents de la mariée, et de là le mari reconduit sa femme chez elle, où l'attendent des amis qui quelquefois lui adressent des plaisanteries auxquelles l'usage lui défend de se soustraire.

C'est le quatrième jour seulement que la femme prend la

direction du ménage; elle s'en occupe plus ou moins, suivant son rang; mais même les jeunes femmes des classes élevées doivent préparer le thé elles-mêmes et l'offrir aux parents de leurs maris lorsqu'ils viennent les visiter.

Les époux en Chine jouent donc un rôle complétement passif; tout s'arrange sans qu'ils aient à dire un seul mot. Ce sont les pères et mères qui disposent de tout sans que les futurs puissent exprimer leur opinion; dans le cas d'absence des pères et mères, ce sont les plus proches parents qui les remplacent.

Dans les mariages de veufs, les choses se passent autrement; les parties contractantes choisissent alors librement.

II.

Extrait d'un auteur russe.

Usages suivis à la conclusion des mariages à Pékin.

Les Chinois n'attachent pas au mariage la même importance que nous, ce qui provient de ce qu'il n'est fondé chez eux que sur la seule publicité avec laquelle on l'a fêté, sans qu'il ait été constaté par une cérémonie religieuse ou un acte civil.

La mère du futur, ou, s'il l'a perdue, une de ses parentes les plus proches et les plus âgées, charge une femme, dont c'est la profession, de se rendre auprès d'une famille où elle fait un choix. L'ambassadrice dépeint le jeune homme sous les couleurs les plus favorables, et si le parti convient, les parents de la jeune fille font répondre que la proposition est agréée et désignent un jour pour l'entrevue. Pendant tout ce temps les jeunes gens ignorent souvent qu'on s'occupe d'eux.

Au jour indiqué, la mère et les parentes âgées du futur arrivent au rendez-vous, et la jeune fille a soin de leur présenter elle-même le thé et des pipes; car en Chine, et principalement dans le nord, les femmes fument et même beaucoup. La conversation s'engage ensuite, mais la future ne s'asseoit qu'autant qu'elle y est invitée.

Quelquefois sa mère, désirant connaître son futur gendre, l'invite à passer chez elle; mais sa fille n'assiste jamais à ces sortes d'entrevues.

Après avoir consenti de part et d'autre au mariage, on fixe un jour où les parents du jeune homme apporteront à la future les présents, consistant en parures de tête, anneaux et boucles d'oreilles. C'est là ce qui ratifie la promesse de mariage, et cette circonstance a souvent lieu lorsque les futurs sont encore enfants; il arrive aussi en pareil cas, si la jeune personne appartient à une famille pauvre, que les parents du futur se chargent de son éducation.

Après cela le devin choisit un jour favorable pour la célébration du mariage, tandis que les jeunes filles, parentes de la future, s'occupent à lui préparer un trousseau; il consiste ordinairement en linge, habits, meubles, etc.

Quelques jours avant la noce des invitations et des billets de faire-part sont réciproquement envoyés par les deux familles aux parents et connaissances.

La veille du jour fixé pour la noce, des tentes et nattes sont dressées dans les cours des deux maisons du fiancé et de la fiancée; on loue des chaises, des tabourets et des tables que l'on y place. Le jour même du mariage les invités se réunissent chez l'une ou l'autre des deux familles, suivant leur billet d'invitation, et ils ont soin de se munir de présents en argent; cet argent est déposé dans les enveloppes des billets d'invitation, et le donateur a soin d'inscrire dessus son nom et la somme contenue, pour qu'il lui soit rendu un cadeau égal quand l'occasion se présentera. Un repas a lieu ensuite; les hommes mangent sous la tente dressée dans la cour, et les femmes dînent dans l'intérieur de la maison; après quoi chacun se retire, à l'exception des parents les plus proches. Toute cette étiquette est également suivie aux deux dîners qui ont lieu en même temps chez le futur et la future.

Quand les convives sont retirés, on procède en grande cérémonie au transport du trousseau dans la maison du marié; les objets sont portés séparément, et les parents et amis de la future suivent sur des chars. Dès qu'il voit le cortége s'approcher, il part et va chez sa future belle-mère pour la remercier, tandis que l'on prépare le thé et les pipes qui seront offerts aux arrivants. Le cortége est ensuite introduit dans les appartements, où l'on étale le trousseau et où chacun s'empresse à placer tous les objets de la manière qui leur est la plus favorable; après quoi ils se disposent à partir, tandis que les parents du mari font semblant de vouloir les retenir : tous les efforts sont vains, et le cortége affecte de son côté de recourir à la force pour parvenir à s'échapper.

Au moment marqué pour le mariage, qui se fait chez les Chinois au milieu du jour et chez les Mantchoures la nuit ou le matin, le futur envoie un palanquin, accompagné de la femme qui a négocié le mariage et de quelques amis, pour chercher sa fiancée. La future attend, durant ce temps, seule et vêtue de plusieurs habits ouatés, quelque chaleur qu'il fasse. Alors elle se jette aux pieds de ses parents, fait ses adieux à toutes les femmes et aux jeunes filles qui l'entourent, et s'asseoit enfin dans le palanquin, dont on remet la clef à la femme chargée d'escorter la mariée, pour qu'elle la remette à l'époux ; après quoi on se met en route.

Le cortége est précédé, s'il fait jour, par des hommes portant sur leurs épaules, suspendues à des bâtons, des espèces de cages de forme cubique sur lesquelles sont peints divers attributs qui représentent *le bonheur*, *la longévité*, etc.; s'il fait nuit, ces cages sont remplacées par des lanternes sphériques à cornes peintes de même. Le costume des porteurs est une robe à ceinture rouge ; ils ont sur la poitrine et sur le dos des figures peintes qui représentent *le bonheur ;* leur tête est coiffée de chapeaux à plumes rouges. Viennent ensuite les trompettes, timbaliers et autres musiciens précédant le palanquin, et la marche est fermée par tous les parents et connaissances de la famille.

Au moment où le palanquin entre dans la cour de la maison du fiancé, on lance force fusées accompagnées des sons d'une musique très discordante pour des oreilles européennes. Le futur s'approche alors du palanquin en présence de sa mère et offre la main à sa fiancée, couverte d'un voile rouge, pour l'aider à en descendre. Chez les Mantchoures l'usage veut que les futurs enjambent par-dessus un arc, une flèche et une selle. De la cour on passe dans les appartements, où, si les familles ne sont pas de haute condition, le fiancé enlève avec le crochet d'un fléau de balance le voile de sa future. Dans tous les cas, c'est alors que les jeunes gens se voient pour la première fois.

Après cela commence le repas de noce. Les deux futurs sont assis à côté l'un de l'autre, et ils doivent boire de deux coupes liées ensemble par un cordon rouge, emblème de l'indissolubilité de l'union qu'ils contractent. Pendant le repas, qui se prolonge jusqu'au lendemain matin, le fiancé se lève souvent pour aller offrir des meilleurs plats aux convives, tandis que la fiancée au contraire est obligée de demeurer à sa place jusqu'à la fin du repas, et doit en outre endurer que ses parents lui épilent avec de petites pinces le haut du front et les tempes.

Quand enfin les convives sont partis, les nouveaux mariés (car alors on les considère comme tels) s'approchent tour à tour de chacun des parents, se mettent à genoux et se prosternent trois fois. Les parents donnent alors à la mariée divers petits objets destinés à la coiffure.

Quelques jours après, les parents vont rendre visite aux personnes qui ont assisté à la noce de leurs enfants ; quant à ceux-ci, ils demeurent renfermés pendant quinze jours, après lesquels leur première visite est chez les parents de la mariée.

29.

L'*East-India magazin* contient sur ce sujet l'article suivant.

Quoique les Chinois, à l'aide de l'agriculture et de leurs nombreuses relations intérieures, soient à peu près en état de se passer du commerce étranger, ils le maintiennent parce qu'ils en sentent l'importance. Le gouvernement chinois reçoit chaque année par cette voie 650,000 livres sterling, sans compter le revenu du trésor de Canton, qui, dit-on, est le plus avantageux de tout l'empire. Ceci sert à prouver que le gouvernement trouve des avantages à soutenir ces relations. Les habitants de Canton et des environs, ainsi que toute cette classe nombreuse de la population qui s'occupe de la culture et de la préparation du thé, sentent combien ils sont redevables à ce commerce. Jusqu'à présent les rapports avec les Européens, exception faite des Russes, se bornaient au seul commerce de Canton; mais depuis quelques années, et sans que l'on s'y soit opposé, un commerce considérable de contrebande, principalement d'opium, s'est établi par les ports au nord-ouest de la capitale. Bien que l'on cultive le thé sur les côtes, c'est par terre qu'il arrive généralement à Canton, à cause qu'il est défendu aux Chinois de le transporter par mer. Malgré cette défense, il arrive beaucoup de thé par cette voie dans l'archipel indien et même à Canton. Les négociants conviennent que c'est dans cette ville que les affaires de commerce secrètes se traitent avec plus de facilité et de promptitude. La Compagnie des Indes vend ordinairement moins de produits des manufactures anglaises qu'elle n'en achète de celles de la Chine. Les tissus de laine se vendent principalement dans le nord de l'empire. Les principaux produits de l'Inde que l'on apporte en Chine sont l'opium et le coton. La Compagnie n'exporte maintenant que du thé, particulièrement du noir; le thé vert est plutôt acheté par les Américains. Les Russes ne sont point admis à Canton, parce qu'ils jouissent du commerce par terre. Les rapports commerciaux avec les Français, les Suédois, les Hollandais, les Danois et les Autrichiens, sont très insignifiants. On traite bien les Américains en Chine, et l'on accorde la prééminence à leur commerce, à cause de la grande importation de piastres; aussi ce commerce n'a été interrompu qu'une seule fois depuis 1814.

30.

Extrait du rapport du Comité du Parlement britannique.

Les principaux objets d'importation en Chine sont les tissus en laine et en coton de fabrication anglaise. Si les Européens, au lieu d'être bornés au seul port de Canton, qui est dans le midi de l'empire, avaient la faculté d'aborder aussi dans les ports du nord, on placerait sans doute une grande quantité de ces tissus dans les provinces avoisinantes où les hivers sont très froids. Outre les marchandises anglaises, on apporte en Chine beaucoup de produits de l'Inde et de l'archipel indien, comme clous de girofle, poivre et tripangue qui est une espèce de mollusque des mers de l'archipel indien, dont l'importation annuelle s'est élevée à trois millions de francs et augmente tous les jours, ce qui provient du cas extrême qu'en font les Chinois. On apporte beaucoup d'horlogerie d'Europe, surtout des montres anglaises : les Chinois sont dans l'habitude d'en avoir deux sur eux; ces montres d'ailleurs sont préférées par la raison que les horlogers de Canton ne savent réparer que les montres anglaises.

31.

Dans l'Inde au contraire le chou est très rare, ce qui provient sans doute de ce qu'on ne sait point le cultiver convenablement.

32.

Il a été exporté de Canton en Europe, dans le cours de l'année 1830, 30,000 livres de thé.

33.

Le taël équivaut à 7 francs 65 centimes.

34.

Nous présentons ici un fragment extrait des renseignements que le comité du Parlement d'Angleterre a rassemblés sur ce qui concerne le commerce du thé en Chine; ces notions sont le résultat de quatre mille questions adressées par le comité à divers marchands et voyageurs.

« L'arbrisseau qui produit le thé croît et se cultive plus ou moins dans toute la Chine; mais ce sont cependant les localités montueuses et sur le penchant des montagnes, entre les 32e et 33e degrés de latitude, que l'on considère comme lui convenant le mieux. Il paraît que la qualité du thé dépend beaucoup du lieu où il a crû; sous ce rapport il a de l'analogie avec la vigne, qui se cultive également dans beaucoup de pays, et dont les produits diffèrent souvent d'une localité à une localité voisine. De même aussi que le vin, dans les pays vignicoles, c'est le meilleur thé en Chine qui s'exporte en plus grande quantité. Cela se conçoit, puisque le transport de ces deux produits est le même, quelles que soient les qualités. Au reste, les productions étrangères sont apportées de loin pour les classes riches, et par conséquent celui qui boit le meilleur vin de Champagne boit aussi le meilleur thé. Le peuple en Chine le boit de la qualité la plus inférieure. Remarquons, à l'égard des diverses espèces de thé, que nos botanistes considèrent le thé vert comme complétement différent du noir, tandis que les marchands de Canton le regardent comme une variété dans l'espèce, dont la différence provient du terroir, de la culture et de la préparation, ainsi que de la saison où la récolte a eu lieu. Le thé vert, qui ne s'emploie qu'en Russie, dans les Etats-Unis, à Calcutta et dans quelques villes du continent européen, provient des provinces de Kian-Nan, Kian-Si et Ché-Kiang. Le thé noir, qui s'exporte pour l'Angleterre, vient de la province de Fo-Kien, exception faite d'un tiers de la quantité, auquel les Anglais donnent le nom de bohéa, et qui vient du district de Vo-Ping, au nord-ouest de la province de Canton. Autrefois le thé vert se cultivait dans les endroits où l'on cultive actuellement le noir, *et vice versâ*. Dans la province de Fo-Kien, on récolte les bourgeons de l'arbrisseau au commencement du printemps pour en préparer le pékao, qui est l'espèce la plus recherchée. Une petite quantité de ces bourgeons se mélange avec le thé congo, pour lui communiquer une odeur aromatique. On suppose que le thé pékao, qui s'exporte pour la Russie, est mélangé avec une petite quantité d'autres feuilles. C'est au commencement de mai que l'on recueille les feuilles, déjà complétement ouvertes; six mois après a lieu la seconde récolte, et la troisième à la fin de l'été. Cette dernière récolte donne un thé sans force ni arome. Les deux premières récoltes, mélangées avec plus ou moins de pékao, donnent le meilleur thé. Les habitants du Fo-Kien cultivent une grande quantité de thé dans des enclos destinés à cet objet. Les feuilles récoltées par chaque famille sont portées au marché, où on les vend à des gens d'une classe particulière qui s'occupent de la préparation, qui consiste à sécher d'abord les feuilles en plein air sous des toits, et puis ensuite dans des chambres fortement chauffées. Après cela les marchands les trient par espèces, et, le séchage achevé, expédient le thé dans des boîtes sur lesquelles chaque qualité est inscrite. On se sert d'une machine à vanner pour séparer les feuilles les plus légères, qui servent à préparer le thé hyson. Quelque chose qui ressemble à de petites fleurs, qui se remarque dans certaines espèces de thé vert, provient, à ce qu'il paraît, de ce qu'on grille légèrement les feuilles dans des vases en tôle en les remuant pour qu'elles se roulent. Cette manipulation exige une adresse particulière, et les ouvriers qui y sont employés sont payés en conséquence.

De tous les produits de la Chine, le thé est l'objet de commerce le plus avantageux pour les Chinois; car ils en ont le monopole. La quantité qui s'en exporte annuellement en Europe et en Amérique, par Canton et la Russie, s'élève à soixante-dix millions de livres (poids anglais), c'est-à-dire :

En Russie.	28,000,000 de liv.
Angleterre et ses colonies. . . .	30,000,000
États-Unis.	7,000,000
Hollande.	3,000,000
Allemagne et autres États d'Europe.	2,000,000
Total. . . .	70,000,000

En reproduisant ici ces renseignements curieux, nous ferons observer cependant que la quantité de thé apportée annuellement en Russie par Maymatchin, indiquée ci-dessus, est très exagérée; car il résulte des documents commerciaux, concernant la quantité de thé apportée annuellement de Kiachta à la foire de Novgorod, ainsi qu'aux autres marchés, qu'elle est loin d'approcher de vingt-huit millions de livres. L'erreur vient sans doute de ce que ceux qui ont transmis ces renseignements au parlement d'Angleterre n'étaient pas à même de s'en procurer de certains sur la Russie.

35.

D'après des données récentes, la population de la Chine s'élève à 149,268,066 habitants des deux sexes, et avec les provinces qui en dépendent à 184,000,000. Elle a 1659 villes et une armée de terre et de mer de 3,709,818 soldats et marins.

36.

Kuazes, nom que les Européens de Canton donnent par dérision aux Chinois, ce qui tient à ce que la majeure partie des noms propres commencent par la syllable *kua*.

37.

Parses, sectaires indiens; ce sont les mêmes que les Guèbres, adorateurs du feu en Perse.

38.

Taïpe est le nom d'un détroit.

39.

Le *jin-seng* ou jin-chin (panax 5, folia, s. Radix China) est une racine très chère et dont les Chinois font grand cas. Elle croît sauvage dans la Mantchourie chinoise, et principalement dans l'Amérique du Nord. Les Chinois la considèrent comme un remède universel ou comme un excitant énergique.

On trouve cette racine en Amérique, à partir du Bas-Canada jusqu'à la Géorgie, sur une étendue d'un million six cent mille mètres; elle atteint à sa perfection dans la partie sud-ouest des monts Alléghanis. Il s'en trouve aussi, mais rarement, auprès de New-Yorck, et de Philadelphie. C'est dans les terrains gras, sur le versant des coteaux, dans les endroits couverts et frais, qu'elle croît. L'homme le plus habile à la récolter ne peut en ramasser plus de huit à neuf livres par jour. Cette racine n'a que rarement un pouce d'épaisseur, et encore faut-il pour cela qu'elle soit âgée de quinze ans. Sa forme est ovale et quelquefois bifurquée; ses semences sont de couleur pourpre et adhèrent entre elles. La racine a une odeur et une saveur aromatiques. La semence ne se conserve pas.

Un missionnaire français a découvert cette racine en Amérique, et s'étant convaincu qu'elle était semblable à celle qui croît en Mantchourie, on commença à en exporter en Chine, où on la vendit, dans le principe, au même prix que l'or; mais les Chinois s'étant aperçus de son infériorité, ce commerce tomba.

Dans les Etats chinois le droit de récolter le jin-seng appartient à l'empereur, qui donne des ordres particuliers pour que la récolte s'en fasse avec la plus grande attention. Elle commence en automne, quand la racine est parvenue à sa complète maturité, et se prolonge pendant l'hiver; après quoi on la sèche et on lui fait subir une manipulation particulière qui la rend à demi transparente. En Amérique le jin-seng se récolte au printemps, lorsque les racines sont encore très humides, d'où il résulte qu'en se desséchant elles se contractent, et puis s'écaillent ou deviennent si dures qu'on ne peut plus en faire usage. Ce sont les fermiers, les colons et des gens qui y emploient leurs heures perdues qui s'occupent de cette récolte pour le vendre, après la dessiccation, à des marchands qui le paient d'un franc à un franc et demi la livre, et le transportent dans des villes de commerce où ils le revendent à deux francs. Il y a aujourd'hui des Américains qui préparent le jin-seng et connaissent le secret de lui donner de la transparence. Il en résulte que ce commerce s'accroît, et les racines préparées ainsi se vendent à Philadelphie de 30 à 40 francs la livre, et à Canton on en donne jusqu'à 400 francs. La quantité de ces racines exportée annuellement en Chine s'élève de huit à treize mille kilogrammes.

Outre l'Amérique du Nord, cette plante curieuse croît encore, comme il a été dit précédemment, en Mantchourie, auprès du fleuve Amour, dans la direction de la Daourie russe. A Pékin on la nomme *jin-seng*, en langue mantchoure *orchoda*, et en langue mongole *kouminine*. Le chef cosaque Navoséloff, administrateur des peuplades nomades daourières, permettait à quelques chefs de traverser la rivière pour venir sur le territoire russe déterrer cette précieuse racine dont la valeur égalait celle de l'argent.

Nous trouvons encore la description suivante de cette racine dans un ouvrage chinois dont on doit la traduction à M. Kamensky, et qui a été insérée dans la LXVIIe partie des travaux de la *Société libre économique* (Russie). «Le jin-seng a une tige d'environ un décimètre de longueur, d'une couleur rouge clair. Les feuilles en sont très vertes et de la grandeur d'une pièce de deux sous. La tige en sortant de la racine se partage en cinq ou six branches articulées, à chacune desquelles tiennent cinq feuilles; chaque branche a l'épaisseur d'une plume d'oie. A l'extrémité de ces branches se trouvent de petites fleurs rouges à quatre étamines qui donnent des graines de la même couleur, ressemblant au millet. L'espèce de membrane qui les recouvre est si délicate que le moindre attouchement peut l'endommager. Le jin-seng croît dans les lieux frais abrités du soleil, mais on n'en trouve pas dans les bois marécageux. En automne, lorsque les autres plantes jaunissent, le jin-seng fleurit au contraire, et il est du plus beau vert. En hiver, quoique ses feuilles tombent, elles ne perdent pas leur couleur; les feuilles sont raboteuses et couvertes d'aiguilles très déliées. La racine, lorsqu'on l'arrache de terre, a un peu plus de trois décimètres de longueur sur huit à treize centimètres d'épaisseur, de couleur blanche. Lorsqu'elle est desséchée son volume diminue de beaucoup. Son goût est sucré et sa qualité échauffante. Desséchée, elle a l'apparence de cire jaune extérieurement et demi-blanche dans l'intérieur. Pour l'employer on enlève la partie extérieure, et l'on ne se sert que de la partie blanche. Comme remède, cette racine entretient les forces vitales, conserve la chaleur naturelle, chasse les humeurs, éclaircit les idées, calme les battements du cœur, aide à la digestion, etc.; elle convient principalement dans les affections des poumons et de la rate. »

40 *.

J'ai vu le vase dont M. Dobel fait mention. Tout ce qu'il en dit est de la plus exacte vérité. Il le conservait chez lui à Saint-Pétersbourg en 1833.

41.

Pour donner une idée plus nette de l'état des troupes chinoises, nous reproduirons ici un article déjà inséré dans un journal russe sur une revue de ces troupes qui a eu lieu à Pékin en 1827.

« Sur un ordre de l'empereur, deux *tsy* (corps) de Mantchoures, dont l'un portait le nom de corps du *drapeau bleu* et l'autre de *drapeau bleu à bordures rouges*, furent désignés pour être passés en revue le 5 mars 1827. Ils se réunirent le matin du jour fixé dans une plaine voisine de Pékin, auprès de la route qui conduit de la porte Ane-Dine-Mine ou Apo-Dine (porte de la Paix) à la pagode Houansi. Il faut observer que l'armée chinoise se compose de huit tsy mantchoures, huit mongols et huit chinois. Les deux corps destinés à la revue étaient disposés de la manière suivante :

Les militaires, après être venus un à un et sans armes, furent placés sur deux rangs qui représentaient deux lignes parallèles, semi-circulaires, distantes entre elles d'un peu plus de vingt mètres. Le corps du *drapeau bleu* occupait le côté gauche et l'autre le côté droit.

Les principaux drapeaux étaient placés sur les extrémités des rangs, les guidons fichés en terre à la distance de quatre à six mètres l'un de l'autre.

Les armes des soldats étaient attachées sur des charrettes; les flèches, liées par faisceaux de cent ou au-delà, étaient placées à terre et disposées de la même manière que les guidons. Les dards en étaient rouillés, et celles de l'extérieur étaient seules garnies de plumes. Dans quelques endroits, pour dissimuler ce désordre, les flèches avaient été mises dans des espèces de corbeilles. Des coutelas de combat dans leurs fourreaux, et des flèches dans leurs carquois, se trouvaient placés auprès des drapeaux sur de petites tables basses recouvertes en feutre rouge. Une partie de ces premières armes étaient tellement rouillées qu'il eût été impossible de les tirer du fourreau, tandis que d'autres n'avaient même que des lames de bois.

Sur la place où se réunissaient les troupes on avait élevé

une sorte de pavillon en nattes. C'est là que les commandants et officiers des deux corps attendaient l'arrivée des chefs militaires chargés de passer la revue.

Ces chefs arrivèrent à neuf heures, le premier en grade, portant le titre de prince, dans un palanquin, et les deux autres en cabriolet, précédés de quelques gardes-du-corps de l'empereur à cheval, et c'est ainsi qu'ils passèrent au son des *bourènes* entre les rangs du corps du *drapeau bleu*, et arrivés au pavillon ils y entrèrent. Les bourènes sont des coquilles en forme de conques dont les Chinois font usage en guise de trompettes : leur vrai nom chinois est hay-lo.

Alors les officiers des deux corps commencèrent à apporter successivement dans le pavillon les tables sur lesquelles étaient les armes pour être passées sous les yeux des chefs. Ceci fait, on servit du thé et des pipes au prince et à ses deux acolytes, après quoi il sortit avec l'un d'eux et se retira. Quant au troisième, il continua la revue jusqu'à l'extrémité du corps du *drapeau bleu*, et suivit l'exemple des deux premiers.

C'est ainsi que se termina cette revue. Les militaires sans armes se retirèrent comme ils étaient venus, et les armes, replacées sur les charrettes, furent emmenées. »

Voici encore quelques détails sur l'armée chinoise que nous empruntons à un article de *l'Abeille du Nord*. Il est dû à M. Léontieff, qui a longtemps habité Pékin.

« Il y a chaque année une grande revue des vingt-quatre divisions de l'armée day-tsinienne* réunies à Tsin-Chen**,

* *Day-Tzsin*, nom de la Chine en langue chinoise.

** *Tsin-Chen*, véritable nom de la capitale de la Chine.

et qui a lieu dans la plaine de Yan-Chen-Va, au sud-est et à une lieue et demie de la ville.

Le jour de la revue est fixé par le *gouandi* lui-même (l'empereur), et ordinairement pour un des premiers jours de novembre. La plaine de Yan-Chen-Va est très vaste ; elle est bordée au nord par une chaîne de hautes montagnes qui s'étendent de l'ouest à l'est, et le blé dont elle est ordinairement ensemencée est entièrement récolté à l'époque de la revue. Les divisions qui y concourent alternent entre elles de manière à ce que celles qui sont passées en revue dans l'année présente ne l'aient pas été dans la précédente. J'appris par un Albazinskquois *, nommé Erhétchoup, faisant partie de la division mantchoure du *drapeau jaune à bordure rouge*, que le gouandi avait fixé la revue au 3 novembre. Comme je l'avais tenu sur les fonts et que je l'employais à traduire en chinois et en mantchoure les papiers qui m'étaient nécessaires, il demeurait auprès de moi, dans la maison de la mission russe : nous convînmes de nous rendre de nuit au lieu de la revue. Qui n'aurait été curieux de voir les troupes day-tsiniennes qui ne se rassemblent qu'une fois par an en aussi grand nombre ! Je m'attendais à voir un beau spectacle, à trouver chez ces troupes de l'ordre, de la régularité, et à être témoin de belles évolutions, non pas sans doute aussi parfaites qu'en Russie, mais du moins rehaussées par le prestige d'un certain luxe oriental dans l'habillement et l'armement. C'est dans ces dispositions et avec le projet de communiquer ensuite à mes compatriotes le résultat de mes observations sur

* Albasinsk, ville de la Mantchourie, près l'Amour, cédée aux Chinois par les Russes en 1715.

une solennité que peu d'Européens peuvent voir, qu'après avoir obtenu l'autorisation du chef de la mission je fis louer une voiture, et donnai l'ordre au portier de se tenir prêt à ouvrir la porte pendant la nuit. A minuit le voiturier entra dans la cour, et nous attendit pendant que nous faisions notre toilette et prenions le thé. Nous partîmes à deux heures après minuit, et nous *traînâmes* au clair de la lune sur la boue gelée des rues sans rencontrer âme qui vive. Les seuls khon-ouzé-di (gardiens), assis dans leurs guérites à la faible clarté de petites lampes, frappaient des coups avec leurs bâtons. En entendant le bruit de la voiture que les inégalités de la terre gelée cahotaient de côté et d'autre, ils pensaient que c'était quelque dignitaire qui passait, et frappaient plus fort et plus souvent pour témoigner de leur vigilance. Quelques-uns, lorsque nous passions devant leurs guérites, nous criaient : Chouy? (qui vive?); mais il est d'usage de ne point y répondre. En suivant ainsi et au pas la muraille qui entoure le palais impérial, nous arrivâmes à la rue Ane-Dine-Mine-Da-Tsé, nom qui lui a été donné parce qu'elle conduit droit à la porte Ane-Dine (de la Paix). Dans cette large rue nous trouvâmes des soldats allant un à un et des officiers en tché (cabriolet) qui se rendaient au lieu de la revue. Quelques soldats avaient des flèches et des arcs à la main ; d'autres portaient sur l'épaule de très petits fusils, et d'autres enfin, qui sans doute n'y allaient que pour faire nombre, n'avaient point d'armes du tout.

A la porte de la ville, qui n'était ouverte qu'à moitié, la garde examinait, à l'aide de lanternes en papier qu'on tenait à la main et d'autres qui étaient placées sur de grands trépieds, tous ceux qui se présentaient pour sortir. Pendant la nuit les fonctionnaires du gouvernement ne peuvent sortir de la ville qu'autant que l'ordre de les laisser passer a été donné, et alors on ne permet plus à personne, sous quelque prétexte que ce soit, d'y rentrer; *et vice versâ*, des fonctionnaires peuvent rentrer si la garde en a reçu l'ordre, mais alors aussi il n'est plus permis à qui que ce soit d'en sortir. Cette nuit-là nous trouvâmes également dans l'intérieur de la ville, auprès des portes intérieures qui sont pratiquées dans la muraille, formant un demi-cercle devant les principales portes, un certain nombre de gardes très occupés à examiner les sortants, et qui même, comme des douaniers, regardaient dans l'intérieur des voitures. De cette porte nous suivîmes des rues étroites par lesquelles nous parvînmes à la plaine de Yan-Chen-Va.

Dans une plaine découverte se trouvait un longue file, s'étendant de l'est à l'ouest, de grandes lanternes sur lesquelles étaient collées des feuilles de papier rouge portant des inscriptions qui indiquaient les noms des divisions qui y étaient réunies. Ces lanternes étaient suspendues à des perches devant chaque division, à partir de l'est de la division du drapeau rouge. Les militaires qui se pressaient auprès de ces lanternes paraissaient occupés à se rassembler et à se placer à leur rang. Notre voiture s'arrêta à l'ouest d'un tertre sur lequel était une grande tente bleue tournée vers le nord; à l'est et à l'ouest de cette tente étaient de grandes lanternes suspendues à de longues perches et qui servaient à éclairer la tente; au midi, à l'est et à l'ouest de cette grande tente, de plus petites avaient été dressées pour le *doutoune* et le *fou-dou-toune-ove* (chefs militaires). Auprès d'elles se serraient des officiers et d'autres militaires mêlés à des marchands de *glao-bine* (petits pains cuits dans des fours portatifs), de *tsine-mi-tchgéou* (espèce de gruau) et de *man-toou* (petits pains cuits à la vapeur); quelques paysans étaient occupés çà et là à nettoyer la place. Après avoir examiné ce qui se passait sur le tertre, nous nous dirigeâmes vers les troupes, et après avoir fait une centaine de pas nous approchâmes des canons. J'étais curieux d'examiner ces pièces, que, actuellement encore, personne dans tout l'empire daytsinien n'est en état de fondre, attendu que l'artillerie daytsinienne (si tant est qu'on puisse lui donner ce nom pompeux) emploie les pièces enlevées aux Hollandais dans la petite Boukharie, ou bien celles qui ont été coulées sous la direction des missionnaires, il y a plus d'un siècle. Je les examinai et vis qu'elles étaient montées sur des affûts en bois à quatre roues, et fixées par des cordes remplies de nœuds. Jugez de mon étonnement! je passe à d'autres pièces et ma surprise redouble en voyant que les affûts eux-mêmes ne devaient leur solidité qu'aux cordes avec lesquelles on les avait noués. Les canons en bronze et en fonte, qui n'avaient au plus que dix décimètres de longueur, étaient braqués sur le tertre. Trois de ces pièces étaient préparées pour le tir, et les autres, placées des deux côtés, étaient cachées par des abris en nattes. Etait-ce pour dissimuler leur état de dégradation ou bien pour les garantir de l'humidité? c'est ce que je laisse apprécier à d'autres. Il est vrai pourtant que je n'osai pas prolonger davantage l'examen, pour ne pas éveiller l'attention des soldats qui se tenaient auprès de ces pièces, et qui auraient pu reconnaître que je n'étais qu'un étranger curieux. Il y avait également là de grandes timbales qui sont portées par quatre hommes sur des bâtons disposées en croix. Les soldats commencèrent alors à se placer par rangs devant des tentes en toile bleu, destinées aux chefs militaires.

Après avoir jeté un coup d'œil sur ce qui se passait, je retournai à ma voiture et attendis que les chefs qui devaient passer la revue fussent arrivés au tertre. A l'orient le ciel commençait à pâlir; la lune perdit son éclat, et, s'inclinant vers l'occident, disparut. Les lanternes devant les rangs furent toutes descendues et éteintes. Enfin ceux que le gouandi avait désignés pour inspecter les troupes arrivèrent en palanquins et entrèrent dans la tente qui était sur le tertre. Le principal d'entre eux donna l'ordre de descendre les lanternes suspendues sur les côtés de la tente. Les troupes étaient alors rangées en trois lignes très longues, s'étendant de l'est à l'ouest. Le singulier son des bourènes, qui partit de dessus le tertre, retentit aussitôt parmi elles; puis les trois canons dont j'ai parlé firent chacun et successivement une décharge. Le récit que je vais faire, aussi bizarre en lui-même qu'il sera nouveau pour tout militaire, surprendra sans doute.

Pour charger un canon, on y met une certaine quantité de da-yao (poudre grossière composée principalement de charbon mêlé à de petites parties de nitre et de soufre), on remplit la lumière d'une poudre plus fine où le nitre domine, et au moment de tirer on y met le feu avec une mèche de papier tordu; le feu s'étant communiqué à la charge, le da-yao commence à pétiller, le canon avance et recule, et ce n'est qu'une minute après que le coup part. Je n'ai point été témoin oculaire de ce que je rapporte là, mais je le tiens des canonniers eux-mêmes. D'après ce que j'ai pu voir de loin, et à en juger par la fumée, les canons devaient être inclinés à un angle de vingt degrés et au-delà. Au tir du canon succéda l'exercice à feu; mais un vingtième seulement des soldats tiraient en commençant par le milieu des rangs et finissant par les extrémités; chaque rang tirait à son tour, en faisant préalablement un mouvement en avant, au son désordonné des timbales dont il a été fait mention. Cette sorte de fusillade se répéta six fois, et lorsque toutes les troupes eurent repris leurs positions primitives, elles firent entendre un cri général qui fut répété cinq fois. Après cela chaque rang effectua un mouvement de retraite, accompagné d'une fusillade semblable à la précédente, pour reprendre ensuite sa première position. Là commença un feu de file général dans lequel les soldats des derniers rangs tiraient en l'air pour ne pas blesser leurs camarades et de crainte aussi que la charge ne se répandît par terre; car les Chinois ne savent pas bourrer leurs fusils et ignorent l'usage des baguettes. C'est ainsi que l'infanterie, au nombre de vingt mille hommes, termina ses évolutions.

Pendant cet exercice, la cavalerie, des officiers et de simples soldats étaient rassemblés à la gauche et à la droite du tertre, auprès des principaux drapeaux rangés en forme de petits arcs de cercle. Cette cavalerie, au signal donné par les bourènes, se transporta au côté opposé dans le désordre le plus complet; ceux qui avaient de bons chevaux couraient en avant, et ceux qui étaient mal montés suivaient à peine. Cette débandade termina la revue! Les chefs qui l'avaient passée partirent; après quoi les commandants, les officiers et même les simples soldats se dispersèrent sans observer aucun ordre. Ceux des soldats, qui étaient armés de fusils avaient pour habillement des justaucorps en nankin bleu bordé de blanc; ce costume les distinguait des autres qui, étant sans armes, ne se tenaient dans les rangs que pour augmenter le nombre.

Par *fusil* il faut entendre un épais cylindre en fer de sept à huit décimètres de longueur, noirci par le manque de soin, et fixé à un bois de fusil sans baguette ni batterie. Cette dernière partie de l'arme est remplacée par une verge de fer courbée, dont l'extrémité est bifurquée pour y placer une mèche en papier imbibée de salpêtre, avec laquelle on allume la poudre sur le bassinet qui est à tout-à-fait ouvert.

Voilà comment se passa cette revue, que j'ai décrite sans exagération et avec la plus exacte vérité. »

42.

Voici la lettre du roi des îles Sandwich, Riho-Riho, fils du roi Taméaméhi, écrite en français par son secrétaire, M. Rives. On verra clairement par le style que sa prétention à être Français est dénuée de fondement, et il n'était en effet qu'un Anglais qui avait séjourné longtemps dans les colonies françaises.

Ce 25 mars 1820.

A Sa Majesté Impériale l'Empereur de toutes les Russies.

« Ayant toujours entendu dire que *Votre Majesté* est un souverain très bon et fort magnanime, je suis porté de croire qu'Elle ne permettra jamais à ses sujets de faire du mal à personne impunément.

« J'écris cette lettre par la voie de votre consul général, M. Dobel, actuellement ici, pour informer Votre Majesté que la Compagnie américaine-russe s'est comportée très inimicalement envers moi, car elle a envoyé des navires et des hommes pour prendre une de mes îles, nommée Wahoo.

Outre cela, elle prétend avoir acheté l'île Atoovay du roi Tomarée; aussi a-t-elle fait des réclamations pour avoir cette île et le paiement pour un des navires, avec les effets, échoué par les Russes sur nos côtes. Mais comme le roi Tomarée est tributaire de nous, il n'avait aucun droit de vendre cette île. La réclamation pour des objets vendus et pour le navire que les Russes eux-mêmes ont échoué sur nos côtes est également injuste. Je suis donc très sûr que Votre Majesté écoutera mes plaintes, et qu'Elle ne permettra dorénavant à ses sujets de venir en ennemis chez une nation qui désire toujours la paix et l'amitié avec Votre Majesté Impériale et tout le monde. Comptant très fortement sur la générosité et la grandeur de votre âme, je demande que nous soyons amis, et que Votre Majesté Impériale me donne votre aide et votre protection pour affermir mon pouvoir et mon trône, laissé à moi seul par mon père Tamahamahéa, mort depuis le 8 mai de l'année 1819.

« Ne sachant pas nous-même la langue française, j'ai commandé à notre secrétaire, un Français, M. Rives, d'écrire cette lettre, dans laquelle je prie Votre Majesté Impériale d'avoir la bonté de la recevoir avec la même confiance, comme si elle fût toute écrite de ma propre main. Pour montrer l'attachement que j'ai pour votre nom, votre gloire, je viens de donner à votre consul général un double canou*, fait par les natives de mes îles, dont je prie Votre Majesté de vouloir bien accepter comme une marque du grand respect et estime de votre humble serviteur,

« RIHO-RIHO,

« *Roi des îles Sandwich.* »

* C'était une double pirogue.

43.

Voici ce que les missionnaires Teyermann et Bennet rapportent sur les îles Sandwich et les autres îles de la mer du Sud. Ces renseignements ont été publiés à Londres en 1832. Nous les donnons en prévenant qu'on ne doit point y ajouter une foi trop explicite, attendu que, recevant des fonds de la communauté, ils devaient préconiser les succès de leurs confrères, sans quoi les secours leur auraient été supprimés.

« C'est peu que les naturels du pays, après avoir détruit les temples païens (maraï), aient élevé des églises chrétiennes; mais l'Evangile a encore totalement changé leur caractère, adouci leur cœur et ouvert leur entendement. S'étant convaincus de la fausseté de leur religion, ils commencèrent à comprendre que leurs anciennes lois et leurs coutumes n'étaient fondées que sur de faux principes. Plus nous observons ce changement et plus il nous paraît miraculeux! D'hommes sauvages, cruels, inhumains et enracinés dans les vices les plus affreux, ils sont devenus modestes, généreux et conciliants. Une fois un naturel du pays nous fut envoyé; nous étant mis à causer avec lui, sa douceur, sa bonté et l'honnêteté de ses sentiments nous frappèrent. Lorsque par la suite nous eûmes pris des renseignements à son égard, nous apprîmes que cet homme avait été autrefois un des païens les plus cruels, et qu'il s'était signalé par des traits révoltants d'inhumanité. »

44.

Voici ce que le major Bourney dit du commerce que font les Chinois avec Ava, dans ce qu'il a publié sur les Birmans.

« Les marchands chinois fréquentent chaque année Ava, entre les mois de janvier et d'avril. Ils s'arrêtent dans deux endroits remarquables du district de Youne-Nane. Chaque caravane se compose ordinairement de cinq cents à mille individus. Ils restent en chemin de vingt-cinq à trente jours. Les marchandises se transportent dans des corbeilles en bambous sur des chevaux ou des mulets, et consistent en chaudronnerie (l'exportation du métal non ouvré étant prohibée), en soie grège, en peaux de qualités supérieures, miel, papier, grandes marmites et poêles en fer, chapeaux de paille, éventails, noix, fruits secs et cuits, thé en balles, etc. Pour tous ces objets les Chinois ne reçoivent en échange que du coton. Les Birmans accordent de grands avantages aux marchands chinois. Il est digne de remarque que la majeure partie de ces caravanes se compose de Chinois mahométans, dont quelques-uns lisent l'arabe. » Enfin le major Bourney suppose qu'on pourrait, avec le temps, pénétrer en Chine par la voie de Youne-Nane, en entretenant de bonnes relations avec les Birmans.

45.

Nous extrayons du journal qui se publie à Canton (*The Canton Register*) la description suivante des colonies chinoises dans l'île de Formose.

« Pendant le règne de la dynastie *Ming*, les îles Pong-Hou (Piscadores) éprouvèrent divers changements. Tous leurs habitants furent une fois transportés, et en même temps, dans la province de Fo-Kien; mais ils en revinrent, fondèrent de nouvelles colonies et les fortifièrent contre les pirates qui s'étaient emparés de l'île. En 1430, l'eunuque Van-Chan-Parou fut porté par la tempête sur les côtes de Formose. En 1564, Lin-Taou-Kin, à l'aide de pirates japonais, ravagea les côtes de la Chine. L'amiral You-Taïeve le suivit jusqu'aux îles Pong-Hou et le força à se réfugier dans l'île de Formose; mais ignorant la direction qu'il avait prise, il ne l'y suivit pas. Lin-Taou-Kin ne demeura pas longtemps à Formose, et après y avoir cruellement massacré beaucoup d'habitants, il se rendit par mer dans la province de Canton. En 1621, un Chinois, au service du Japon, aborda avec quelques Japonais à Formose, où un certain Hing-Hé-Loung l'y joignit, et c'est depuis ce temps que les Chinois commencèrent à fonder des établissements à Formose. Hing-Hé-Loung et ses compagnons l'abandonnèrent, à ce qu'on dit, bientôt; mais s'il en est réellement ainsi, c'est qu'ils y revinrent de nouveau peu de temps après. Ce fut vers le même temps, d'après ce que rapportent les historiens chinois, que les Hollandais abordèrent pour la première fois à cette île, où ils entrèrent par une ruse empruntée à Didon, dont l'histoire était assurément inconnue aux Chinois. Comme on leur avait refusé une petite portion de terrain qu'ils avaient demandée, ils insistèrent pour qu'on leur en cédât au moins, et pour une forte somme d'argent, autant qu'une peau de bœuf en pourrait contenir. Lorsque les Chinois eurent consenti à cette demande, ils découpèrent la peau en lanières très étroites qu'ils nouèrent ensemble, et s'étant appropriés de la sorte un terrain considérable, y construisirent le fort Zélandais. L'année suivante ils s'emparèrent de Pong-hou, l'une des plus vastes îles, et y construisirent également un fort. A partir de cette époque les habitants de la province de Fo-Kien établirent un commerce régulier avec Formose.

« Les Chinois jouirent paisiblement de leurs conquêtes jusqu'à l'avénement au trône de la Chine de la dynastie actuelle; alors les émigrants chinois demandèrent à Hing-Hing-Kounha, plus connu sous le nom de Kock-Sine-Hi, fils de Hine-Hé-Lounha, de chasser les Hollandais et de réunir les possessions hollandaises aux siennes. Kock-Sine-Hi, qui se sentait assez fort pour résister aux Tartares, conquérants de la Chine, ne voulut pas d'abord suivre ce conseil; mais cependant, onze ans après, il entra par surprise, et à la faveur d'un épais brouillard, dans Taë-Vane, principale ville des Hollandais, les força à abandonner l'île et s'en déclara le chef. Après sa mort, son fils Hine-Kine, et après lui son neveu Hing-Kih-Chvane, occupèrent successivement le trône de cette petite royauté. Aucun d'eux n'était doué de qualités remarquables, et le dernier fut forcé à se soumettre à l'empereur Khang-Hi; ceci eut lieu en 1683. La politique de la dynastie chinoise actuelle, par rapport à Formose, a consisté à empêcher que cette île devienne le refuge des mécontents et des criminels. En conséquence, on exige de tous ceux qui vont à Formose un droit très considérable, sans compter qu'on leur suscite en outre beaucoup de difficultés. Malgré toutes ces précautions, l'île est souvent le théâtre de graves désordres et les naturels sont continuellement en guerre avec les colons chinois. »

46.

Typhons, ce sont des ouragans qui agitent la mer de la Chine au changement des moussons en vents périodiques.

47.

Afin de fournir de nouveaux termes de comparaison entre ce qui se trouve dans cet ouvrage sur les émigrations et les colonies chinoises et les renseignements rassemblés par le parlement d'Angleterre, nous transcrivons ici un article tiré d'une feuille contemporaine.

« Les Chinois expédient chaque année un grand nombre de jonques avec des marchandises pour Sincapor, la Cochinchine, Java, le Japon, et en général pour tous les Etats limitrophes. Malgré la mauvaise construction des jonques, qui leur occasionne de graves avaries, ce commerce a beaucoup d'activité. Les droits de douane qu'en perçoit le gouvernement ne montent qu'aux deux tiers des droits payés par les Européens ; en outre, les Chinois ont l'avantage de sortir des différents ports de leur pays, tandis que les Européens sont bornés au seul port de Canton. Ce qui facilite beaucoup ce commerce, c'est le grand nombre de Chinois établis dans divers Etats limitrophes.

« Les Chinois émigrent généralement des provinces qui s'adonnent au commerce extérieur, c'est-à-dire de Canton, Fo-Kien, Ché-Kien et Kian-Nin ; mais les émigrants de ces deux dernières provinces ne vont qu'à Tonquin et aux îles Philippines. Les autres se dispersent dans tous les Etats voisins où ils peuvent trouver occupation et protection ; mais des raisons politiques font qu'on ne les reçoit pas dans quelques pays où qu'ils y sont opprimés ; dans d'autres, ce sont eux qui n'y vont pas volontiers à cause de l'éloignement ou du défaut d'espace. Des vues politiques les excluent complétement du Japon, comme les Européens, et la même cause fait qu'on n'en reçoit que peu en Cochinchine : les Espagnols et les Hollandais, lorsqu'ils possédaient les Philippines, les considéraient avec la plus grande méfiance. L'éloignement, mais surtout une population aussi considérable qu'industrieuse, empêchent qu'ils aillent s'établir dans les possessions anglaises de l'Inde-Orientale, où ils sont peu nombreux. Les artisans chinois, tels que cordonniers et autres, n'habitent que les grandes villes, comme Calcutta, Madras et Bombai. On sait que dernièrement beaucoup de Chinois sont partis pour l'île de Mavrikia.

« Un Chinois ne quitte son pays qu'avec l'espoir d'y revenir, bien que très peu réalisent cette espérance. Les frais de l'émigration ne sont pas considérables; la traversée dans une jonque, de Canton à Sincapor, ne coûte pas plus de 6 piastres (32 fr. 40 cent.), et 9 (48 fr. 60 cent.) de Fo-Kien. Une somme aussi modique est acquittée sur le prix du premier engagement du colon, mais rarement d'avance. Les émigrants appartiennent à la classe ouvrière; ils emportent communément un paquet de quelques habits, rarement neufs, avec un vieux matelas et son coussin sur lequel ils dorment. A peine arrivés, leur situation s'améliore sensiblement; ils retrouvent des compatriotes de leur village, et souvent même des parents et des amis. Aussitôt on leur fournit de l'ouvrage dans un pays qui ressemble au leur, mais où le travail a une valeur double, tandis que tous les objets de consommation indispensables coûtent moitié moins.

« Les Chinois, sous le point de vue physique comme sous le rapport moral, l'emportent sur tous les peuples et peuplades chez lesquels ils s'établissent. Leur taille a environ deux pouces de plus que celle des Siamois, et trois pouces de plus que celle des Cochinchinois, des Malais et des Javanais. Ils sont musculeux et bien faits. Leur supériorité est encore plus remarquable sous le rapport de leur aptitude à tout faire et à tout observer. On en trouve la preuve dans la différence des salaires que reçoivent les artisans : à Sincapor, le Chinois reçoit 8 piatres (43 fr. 20 cent.) par mois; l'habitant de la côte de Coromandel 6 (32 fr. 40 cent.), et le Malais 4 (21 fr. 60 cent.). Ainsi le travail du premier est estimé à un quart en sus du second et au double du troisième. Mais dans les métiers où l'habileté et l'adresse sont le résultat d'un apprentissage, la différence est encore plus frappante; ainsi le charpentier chinois reçoit 12 piastres (64 fr. 80 cent.) par mois, l'Indien 7 (37 fr. 80 cent.) et le Malais, qui ne fait que les deux métiers de couvreur en paille et de scieur de long, seulement 5 (27 fr.).

«Différents colons Chinois vivent séparés, non-seulement des étrangers, mais même entre eux; cela provient de ce qu'il y a une grande dissemblance entre les coutumes des différentes provinces. Ceux du Fo-Kien passent pour être plus sociables. Les colons de la province de Canton se partagent en trois classes : ceux de la ville de Canton et de ses environs, ceux de Macao et des îles de la rivière, ceux enfin des districts montueux de la province. Les premiers, outre leur passion pour le commerce, sont habiles dans divers métiers, et ont des dispositions particulières pour les recherches et les travaux des mines; ce sont ceux que l'on emploie principalement aux mines d'argent de Tonquin, Bornéo et Malacca, comme aussi à celles de plomb de cette presqu'île et de Banka. Les Chinois de Macao et des îles ne sont pas estimés de leurs autres compatriotes; mais la troisième classe, qui est la plus nombreuse, est aussi la plus inférieure et ne s'adonne qu'à la navigation et à la pêche. C'est parmi ces derniers colons que les Européens recrutaient autrefois des matelots.

Ce sont de tous les Chinois ceux qui sont le moins dociles et les plus disposés à se révolter. Il existe encore une autre classe de Chinois, établis dans l'empire des Birmans, qui, sous beaucoup de rapports, l'emportent sur les précédents : à l'exception d'un petit nombre d'émigrants de la province de Canton qui trouvent le moyen de se rendre à Ava par mer, ils sont tous de la province de Jounane, et, suivant moi, bien inférieurs pour l'intelligence et l'adresse à ceux de Canton et du Fo-Kien. Enfin ceux qui sont de races mélangées se distinguent de toutes ces catégories par la parfaite connaissance de la langue, des mœurs et des coutumes des pays où ils vivent ; mais quant à l'industrie et au commerce, ils n'occupent pas une place distinguée. C'est parmi eux que les Européens prennent leurs courtiers, changeurs, etc. ; il est rare qu'ils s'adonnent à des métiers. Les colons de toutes les catégories s'occupent volontiers de culture, mais rarement comme simples ouvriers, du moins s'ils peuvent l'éviter. Ils s'occupent à peu près exclusivement de la propagation et de la culture de l'acacia indien (cachou) dans le détroit de Malacca, du poivre à Siam et du sucre dans cette même île, à Java et dans les îles Philippines.

«Différents de coutumes, d'habitudes et même de langage ou d'idiome, conservant un attachement général et les préjugés de leurs provinces, les colons chinois se querellent, se battent et le sang coule dans ces démêlés, qui pourraient inquiéter les établissements européens, si l'on ne comptait sur la faiblesse des Chinois. De tous les Asiatiques qui se sont fixés dans l'Inde anglaise, ce sont les plus soumis et ceux qui occupent le moins les tribunaux de leurs affaires, bien qu'ils soient plus nombreux et plus riches que les autres. La population chinoise, dans les Etats voisins de la Chine, peut s'évaluer approximativement comme il suit :

Philippines	15,000
Bornéo	120,000
Java	45,000
Colonies hollandaises près du détroit de Malacca	18,000
Sincapor	6,200
Malacca	2,000
Pennangue	8,500
Presqu'île Malaise	40,000
Siam	440,000
Cochinchine	15,000
Tonquin	25,000
En tout	734,700

« La nature de cette population a ceci de remarquable qu'elle contient beaucoup de jeunes hommes, et un très petit nombre de femmes et d'enfants. Cela provient de ce que les lois en Chine défendent en général l'émigration, et punissent de mort l'homme qui a quitté l'empire. Les femmes et les enfants s'y soumettent, ou pour mieux dire, les coutumes et les préjugés nationaux s'opposent à ce qu'ils abandonnent leur pays natal : on ne voit point de femmes parmi les émigrants. Ils s'allient volontiers avec les femmes des pays où ils vivent, et leurs descendants se mariant entre eux ou bien avec des Chinoises, après quelques générations ils ne se distinguent plus des naturels du pays ni par les traits ni par le teint du visage. Partout où les Chinois se sont établis depuis longtemps, comme à Java, Siam, la Cochinchine et aux îles Philippines, les métis forment une population très nombreuse ; mais là où ils sont depuis peu de temps, la différence du nombre des femmes à celui des hommes est considérable. Ainsi à Sincapor sur 6,200 Chinois il n'y a que 360 femmes, et qui encore ne sont Chinoises que de nom. On peut se faire une idée de l'étendue de l'émigration annuelle des Chinois, en observant qu'il en est arrivé à Sincapor 3,500 en 1825 et 5,500 en 1826. A Siam il en arrive annuellement 7,000 ; on cite une jonque qui en a amené à la fois 1,200. Le nombre de ceux qui rentrent en Chine est également considérable, mais de beaucoup inférieur à celui des sortants. Il s'en trouve aussi qui émigrent deux fois.

« Ainsi il existe hors de la Chine une population chinoise qui s'étend à un million d'âmes. Elle entretient des relations suivies avec la mère-patrie, et a encore ceci de remarquable que nulle part elle ne forme d'Etat indépendant, mais se soumet toujours aux lois du pays qu'elle habite. C'est d'après elle qu'on a jugé du caractère des Chinois, de leur industrie et du penchant qu'ils ont à s'approprier les coutumes et l'industrie européennes. On en a même déduit des données statistiques assez curieuses ; ainsi, d'après la quantité de thé qu'emploie une famille chinoise à Sincapor, en tenant compte du degré de richesse de cette colonie par rapport à la Chine, on peut conclure qu'il s'en consomme en Chine près de huit cent quarante-six millions de livres, c'est-à-dire vingt fois plus qu'on n'en consomme en Angleterre.

« A Sincapor une famille composée de six individus consomme soixante-dix livres de thé ; en Chine une famille pareille en consommerait moitié moins, ce qui provient du différent degré d'aisance des classes inférieures dans les deux pays. Ainsi pour une population de cent quarante millions d'habitants, on peut estimer la consommation à huit cent quarante-six mille livres.

« Le commerce que fait la Chine par ses jonques, celles de Siam et d'autres, est évalué à quatre-vingt mille tonnes, en prenant trois cents tonnes pour moyenne du port d'un de ces bâtiments. Le comité du parlement a accordé à ce commerce une attention très particulière, à cause de la possibilité prétendue, mais contestée, de remplacer le commerce de Canton par celui des indigènes, dans le cas où les Chinois fermeraient ce port aux étrangers. »

48.

Extrait des notes du voyageur Dalton.

Le fer est d'une excellente qualité sur tout le rivage de Bornéo, mais il est loin d'être comparable à celui de l'intérieur du pays. Ce sont les Dayaks ou indigènes qui fabriquent les meilleures lames de poignard. C'est surtout le pays sous l'autorité de Seldgy qui se distingue dans cette industrie; ses fers de lance et ses poignards sont les meilleurs de toute l'île. On compte quarante-neuf forges dans le seul district de Marpaou. Mais quant aux sabres et aux poignards dont Seldgy fait lui-même usage, ils viennent d'une contrée plus au nord, dont les habitants sont encore dans l'état de nature, sans demeure fixe, ne se nourrissent que de fruits, de serpents et de singes, mais fabriquent cet acier supérieur qui donne lieu aux fréquentes attaques des Dayaks. Les outils fabriqués avec cet acier coupent facilement le fer forgé et même l'acier. Nous avons vu nous-même gratter ainsi des lames de canif au point de les amincir assez pour qu'elles se brisassent. Une autre fois nous pariâmes contre Seldgy qu'il ne couperait pas avec son sabre un canon de fusil; mais lui, sans nous répondre, posa le canon sur une pièce de bois, et le coupa par morceaux sans qu'on s'en aperçût à la lame.

49.

L'importation et l'exportation des trois colonies de Pennangue, Malacca et Sincapor s'est augmentée d'année en année; en 1822 elle égalait 8,000,000 de piastres, et en 1825, 15,000,000. La population s'est accrue de quarante à cent mille âmes.

50.

Extrait des documents officiels du parlement d'Angleterre sur le commerce de l'opium en Chine.

Toute la consommation actuelle de l'opium en Chine peut s'évaluer de treize à quatorze mille caisses, représentant une valeur de 70 à 75 millions de francs. En s'en tenant au dernier chiffre, la caisse se partagerait entre dix mille individus, en supposant la population totale du pays de cent quarante millions d'âmes. La caisse pèse un peu plus de cent cinquante livres; ainsi donc la livre se partage entre soixante-six individus; résultat immense! L'accroissement de l'importation provient sans doute de ce qu'une fois l'habitude prise de faire usage de ce narcotique il devient indispensable d'en augmenter successivement la dose pour obtenir le degré d'ivresse désiré; il y a même du danger à renoncer brusquement à cette funeste habitude. Il est à remarquer que la valeur de l'opium importé en Chine équivaut à peu près à celle du thé qui s'en exporte.

Le commerce de l'opium s'est accru, comme le tableau suivant l'indique, dans les dix dernières années, à partir de 1818.

Années.	importé en Chine.	Caisses valant.
1818,	4,580	3,159,250 piastres.
1819,	4,600	5,583,200
1820,	4,770	8,400,800
1821,	4,628	8,314,600
1822,	5,822	7,988,930
1823,	7,082	8,515,100
1824,	8,655	7,616,625
1825,	9,621	7,608,205
1826,	9,969	9,610,085
1827,	9,475	10,356,833

Toute cette quantité d'opium a été importée du Bengale. Il vient en outre environ cinq mille caisses d'opium du Levant.

51.

Le café paraît appelé à remplacer avec le temps l'usage des boissons fortes ; du moins a-t-on observé dans l'Amérique du Nord que, depuis la fondation de la *Société de Tempérance*, l'usage du café s'est considérablement accru. En 1821 il s'en est consommé aux États-Unis quatorze millions neuf cent soixante-trois mille livres, et en 1830 vingt-sept millions huit cent mille livres, c'est-à-dire près du double. En Europe même le café devient d'année en année une branche de commerce plus importante, et il est digne de remarque qu'en 1830 la consommation a dépassé la production. En effet, il a été exporté cette année-là de l'île de Java quarante-deux millions cinq cent soixante mille livres, et de Sumatra (dans l'Inde-Orientale) treize millions quatre cent quarante livres, et de cette énorme quantité il a été consommé, en Angleterre seulement vingt-un millions sept cent vingt-huit mille livres.

52.

70 à 80 degrés Farenheit font à peu près de 17 à 22 degrés Réaumur au-dessus de zéro.

53.

50 à 60 degrés Farenheit font à peu près de 8 13 degrés Réaumur au-dessus de zéro.

54.

Les Tagalitz (Tagales) sont les habitants de l'île de Luçon.

55 *.

Riapuha, dim. *riapuchka*, espèce de petit poisson qui se pêche dans la Néva et dans les lacs de Ladoga et d'Onéga. C'est le *Salmo-Marænulo*.

56.

Nao Constitution, nouvelle charte promulguée à Manille en 1820, sur l'ordre des Cortès, dans la teneur adoptée par Ferdinand VII. Le résultat a démontré à quel point cette mesure fut mal calculée et nuisible.

FIN DES NOTES.

TABLE

DES MATIÈRES.

CHAPITRE I.

CHAPITRE II.

CHAPITRE III.

CHAPITRE IV.

CHAPITRE V.

CHAPITRE VI.

CHAPITRE VII.

CHAPITRE VIII.

CHAPITRE IX.

CHAPITRE X.

CHAPITRE XI.

CHAPITRE XII.

CHAPITRE XIII.

CHAPITRE XIV.

CHAPITRE XV.

CHAPITRE XVI.

CHAPITRE XVII.

CHAPITRE XVIII.

CHAPITRE XIX.

CHAPITRE XX.

CHAPITRE XXI.

www.ingramcontent.com/pod-product-compliance
Ingram Content Group UK Ltd.
Pitfield, Milton Keynes, MK11 3LW, UK
UKHW012008240726
13965UKWH00001B/235